五星推荐
典藏版

大国重器

揭秘顶尖战略武器

探秘天下编写组
◎编著

时事出版社

前言

战争与和平是人类历史永恒的主题，在大约 5000 年的文字记载史上，先后发生的大中型战争就有 10000 次左右。

当今世界虽然以和平与发展为主题，但地区冲突不断，局部战争不时发生，仍有不少人生活在战争的阴影之下。

说到战争，就不能不提武器。在电影《黑鹰坠落》中，一种操作轻便的武器成为美国人的梦魇，这种武器就是大名鼎鼎的 RPG-7 火箭筒。现在，它几乎成为反美装备的标配，游走在各个反美武装部队之间。武器与战争进程息息相关，并在很大程度上影响到一个时代的政治格局。第一次世界大战期间，协约国凭借发展成熟的防守武器赢得了胜利。20 多年后，攻击性武器（如航母、飞机、坦克等）发展成熟，德国以战斗机发动闪电战，短时间内使欧洲大陆许多国家缴械投降，而日本和美国则以航母为主的突击战法取得巨大成功。1945 年 8 月，美国向日本广岛和长崎投掷原子弹，促使后者迅速无条件投降。广岛原子弹事件当日即造成约 8.8 万人死亡，伤者不计其数，且留下了很多后遗症，但客观上还是加速了和平时代的来临。从这个角度来看，武器是一把双刃剑，既可以成为人类苦难的帮凶，也可以成为捍卫和平的利器。

从原始时代的木棒石器到现在的概念武器，发展历史漫长而悠久的武器家族可谓人丁兴旺、成员众多。现在，随着科技的进步，新的成员层出不穷、各有特色。武器在矛与盾的对抗中发展起来，因此显得名目繁多，加大了人们对其了解的困难程度。按照习惯，人们一般将武器分为 14 种：枪械、火炮、装甲战斗车辆、舰艇、军用航天器、军用航空器、化学武器、防暴武器、生物武器、弹药、核武器、精确制导武器、隐形武器、新概念武器。

这些武器中的任何一种，背后都有着极为丰富的故事和历史内涵，都可以写成几本书。但为了使读者能够全方位了解最新、最尖端的武器，编者仅选取其中比较有代表性的若干种。同时，编者按照不少武器相互兼容的特点，对其进行再分类。因此，本书分为八个部分：陆地武器、海军武器、空军武器、导弹武器、太空武器、核武器、生化武器和未来战争中的顶尖武器。本书以大量翔实的资料对这些顶尖武器进行简单介绍，以期读者能对其有大概的了解。此外，本书还配有大量图片，方便读者更加形象和直观地了解这些尖端武器。

作为一名业余的军事爱好者，编者能力有限，错误在所难免，欢迎读者朋友批评指正。

目录
Contents

NO. 1 陆地雄师：顶尖陆地武器

NO. 2 碧海幽灵：顶尖海军武器

NO. 3 云端魅影：顶尖空军武器

NO. 5 天外布网：顶尖太空武器

NO. 6 神秘的蘑菇云：顶尖核武器

NO. 7 闻之而色变：顶尖生化武器

NO. 8 从科幻走向实战：未来战争中的顶尖武器

NO. 1 陆地雄师：顶尖陆地武器

1. 中国列装规模最大的单兵武器：95 式自动步枪

1997 年，95 式自动步枪作为中国人民解放军驻港部队和特种兵部队的配用武器首次露面即引起了高度关注，它漂亮的外形、瞄准方面的精度和可靠性都令人惊叹。95 式自动步枪为中国兵器装备集团公司自主研制，口径 5.8 毫米，1997 年后陆续列装陆海空三军作战部队和武装警察部队，现已成为全军列装规模最大、通用性最强的单兵武器。

研发背景

在对越自卫反击战之前，中国的轻武器主要是 56 冲和 56 半的组合。在战争中，56 半用于远距离地精确射击对方冲锋的敌人，而 56 冲则用于对付靠近之后的敌人。这种组合在战争中劣势明显。为解决这个问题，高层决定在 56 冲的基础上进行改进，81 式自动步枪由此诞生。

95 式自动步枪

81 式自动步枪是 AK47 改型中最好的一款，在可靠性上与 AK47 不相上下，而精度则超过 AK47。虽然中国在 1978 年已经正式决定将来会采用 5.8 毫米口径的小口径自动步枪，但对小口径步枪的杀伤力仍存在质疑，因此 81 式自动步枪的口径仍采用 56 式的 7.62 毫米。当时，苏联、美国以及西欧部分国家都已经装备了 5.56 毫米或 5.45 毫米的小口径步枪，相比之下，81 式自动步枪显得落伍，急需一种新枪来取而代之。在此背景下，95 式自动步枪应运而生。

先进的设计理念

95 式自动步枪的研制指标于 1989 年提出，6 年后完成设计定型。其设计既博采 63 式、81 式、82 式和 87 式等轻武器之长，又规避了长期困扰设计者的仿制与研制、大口径与小口径等问题，成功走出了一条自主研发小口径、轻便型、系列化枪族的路子。在 95 式自动步枪的研发和试用阶段，始终坚持以班战术需求为中心，围绕班战术协同，确保枪族的整体技战术性能和水平。以此为纲，设计者努力完成了以枪族为系统、以核心体为中心、以通配件和专配件为重点的一体化设计。

95 式自动步枪采用牛犊式结构，无枪托，导气式自动，回转式锁闭，外部材料大量使用工程塑料。它一改苏联系列枪械细长、扁平、笨重的风格，呈现出短粗、轻巧、便携的特点。95 式自动步枪外部装置多功能化、布局紧凑、结构优化，具有超酷的外形，可与法国的 FAMAS 和美国的 M4A1 步枪相媲美。

在技术性能方面，95 式自动步枪广泛采用了新技术、新材料和新工艺，整体上达到了世界领先水平。其全部钢构件均采用化学复合成膜黑磷化处理，铝合金零件均采用硬质阳极氧化处理，枪管精锻，塑料件注塑成型，关键零件数控加工，较好地解决了枪械的环境适应性、实战可靠性、战场可维修性和多姿态射击精度等问题。此外，95 式全枪族有 78.7% 的零部件可互换使用，族内自动机件完全通用，这对于战场换件抢修极为有利。

优缺点

95 式自动步枪的可靠性、精度、重量、携弹量以及漂亮的造型，连 81 式自动步枪都望尘莫及，但其也有缺点。

该枪械无托枪，精度有所提高，可以携带更多弹药，同时枪支也变得短小和轻便。但是，它也无法避免很多无托枪的缺点：抛壳窗太近，连续射击会造成右耳听力下降；瞄准基线过高，会让其成为敌方狙击手的目标等。

95 式自动步枪最为人诟病的是其弹匣。操作该枪械，换弹匣时需要将左手退回到握把后方，按下弹匣扣，抛弃旧弹匣，取出新弹匣，然后插上。弹匣置后，会让眼睛无法用余光观察到动作，因此在紧张的战斗中往往会出现弹匣插不进去的情况。

此外，为人诟病的还有其处于枪托之后的快慢机。在发射时，操作者需要将左手回撤拨转快慢机，然后发射。倘若需要转换连发和单发，还得左手离开护木回拨。一般来说，在此时间之内士兵不可能有效瞄准，因此拨转快慢机后，还得重新瞄准。

小链接：最致命的枪械

美国《国家利益》曾刊登《现代战争中最致命的 5 种枪械》一文，95 步榜上有名，但该文却称 95 步 5.8 毫米的子弹是一个谜，原文摘录如下：95 式自动步枪使用中国研发的 5.8 毫米特殊子弹，其他国家不使用这种子弹，至于原因目前仍然是一个谜。一个可能的猜测是：可以限制使用境外来源的子弹。尽管这种步枪到目前为止在中国之外的地区尚未普及，但中国的地位和中国军队的规模仍使之跻身这一榜单。

2. 潜行狙击者：俄罗斯 PSS 微声手枪

PSS 是“特种半自动手枪”的缩写，是苏联专门为克格勃特工和军方特种部队研制的微声武器。PSS 微声手枪不用安装消音器，能自动装弹，且枪体小巧，容易藏匿，特别适合于执行一些隐秘的任务。PSS 手枪由苏联中央精密机械工程研究所 1979 年开始研制，1983 年获得采用。

PSS 微声手枪与苏联克格勃的不解之缘

克格勃间谍组织成立于 1954 年，终结于苏联解体时期，是苏共时期红色恐怖的代名词，这三个字在全世界几乎无人不知、无人不晓。克格勃与英国军情六处、美国中央情报局和摩萨德并称为“世界四大情报组织”。作为间谍，克格勃的行事尤为诡秘，不但要刺探情报，特殊情况下还要施行暗杀，所以他们的武器装备自然也要与众不同，而无声手枪正好与他们的行为特征相得益彰。在此背景下，苏联先后研发了 PB、MSP、S-4、SP-4 系列无声手枪装备苏联特种部队和克格勃。这几种手枪虽然不错，却也都有各自的缺陷。苏联当局指令中央精密机械制

俄罗斯 PSS 微声手枪

造研究所和图拉兵工厂在此基础上予以创新。不久之后，PSS 微声手枪便诞生了。

结构与元素

PSS 微声手枪采用自由枪机式自动原理，以一种独特的方法消除射击特征；没有在枪口安装消声器，而是发射一种特制的 7.62×42 毫米枪弹。平头弹头与弹壳前缘相连，发射时枪弹中的活塞将弹头推入枪管而活塞被弹壳的凹口卡住，这样所有的发射火焰和噪音都被限制在弹壳内。我们见到的大多数 PSS 手枪都有基本的涂饰，这表明它们的服役时间不长。另外，除套筒左侧的序列号外，任何枪支都没有其他铭文。

PSS 手枪的扳机为双动式，击锤外露，枪上有简易的固定式机械瞄具。用可拆卸单排弹匣供弹，弹匣容量为 6 发。与原来装备的 MSP 和 SP-4M 这两种只能装两发弹的微声手枪相比，PSS 的火力更强大一些；而与马卡洛夫 PB 这类安装整体式消声器的微声手枪相比，PSS 具有尺寸更紧凑、消声效果更好的优点。

原理奥秘

PSS 微声手枪微声的奥秘几乎全部集中在配用的 SP4 特种弹上。子弹采用圆柱形钢制弹头，弹头整个埋在弹壳里面，弹头端面与弹壳端面平齐。为了保证弹头顺利地挤进膛线，在弹头前部装有铜制的导引弹带。活塞前端面中心处有短小的凸起，装弹时其嵌在弹头底部中心孔内以辅助定位。SP4 特种弹采用封闭式微声原理，即在弹头和发射药之间装有活塞。击发后，火药燃气推动活塞和弹头一起向前运动，直至活塞被弹壳口部挡住停止前进，而弹头在惯性作用下继续沿枪管前进，离开枪口。由于火药燃气被活塞密封在弹壳内，避免了高压燃气急速外泄而产生的膛口激波，加之弹头初速为亚音速，因此射击可达到较好的“三微”效果，即低噪音、无烟、无枪口焰。

小链接：沉默的杀手

PSS在开锁过程中，套筒上的拨动钩撞击弹膛上的凸起，拉动弹膛向后移动7毫米，然后套筒继续后坐，同时压缩螺旋弹簧。套筒向前复进时，从弹匣推出一发枪弹，并将枪弹推入已恢复原位的弹膛。它的特种弹药不但能达到低噪音、无烟、无枪口焰的效果，准星和照门上还有氚光点，更便于在黑暗中进行射击。如果被暗杀者不幸被手持PSS的克格勃在黑夜中盯上，无异于上帝向其发出了亲切的邀请，其在中枪时可能只会听到一声微弱的放气声，好像一声凄凉的叹息。

3. 水底幽灵：俄罗斯 SPP-1 水下手枪

SPP-1是一款多枪管4发手枪，供海军作战人员在水下使用。该枪不像通常的枪械那样使用带膛线的枪管发射手枪弹，而是发射长箭弹，并依靠水流确定箭弹的稳定性。其有效射程取决于水深，水深为5米和40米时分别为17米和6米。SPP-1是苏联海军在20世纪60年代专门研制的水下手枪，于1971年开始装备苏联海军的战斗蛙人部队，经过改进后，目前仍然被俄罗斯海军特种部队所装备，并通过俄罗斯政府控制的军事销售组织公司出口到其他国家。

研发背景

二战结束后，苏联和美国各自建立了华约和北约两大军事集团，使世界陷入了长达数十年的冷战。为了扩大各自的全球影响及势力范围，美苏双方都非常重视进行间谍战以及制造对方内部混乱的秘密战争，频繁派遣特工人员潜入对方国家及其盟国。由于任务的特殊性，秘密作战人员的兵器装备需求与常规部队有很大不同。自20世纪60年代起，双方投入了极大的精力与财力，开发研制出形形色色的特种武器，SPP-1正是其中极为出色的一种。这种秘密武器，直到冷战结束以后，才得以逐渐解密。

与传统水中武器的比较优势

战斗蛙人的水下作战方式相当隐蔽，因而被袭者很难做到有效防备。为了对付战斗蛙人，通常的做法是训练特殊的反蛙人海豚或用蛙人来进行反蛙人作战，而蛙人无论是攻击还是防守，其传统的自卫武器都是潜水刀和梭镖枪。梭镖枪的缺点是体积较大，携带不方便，而且一次只能打一发，装填速度慢。而传统枪弹在水下发射时射程极近而且弹道极不稳定，这是由于水的密度是空气的800倍，根据一些试验，AK47在水下发射时有效射程不超过1米，M1911水下发射只能在0.9米处的木板上撞出凹痕，在0.6米处也只能穿透3毫米厚的木板。

而SPP-1水下手枪使用的是专门的SPS水下弹药，发射一种又长又细的箭形弹头。其使用40毫米长的突缘瓶颈形水密弹壳，弹头由低碳钢制成，弹径4.5毫米，长115毫米，重12.8克。全弹长145毫米，重17.5克。这种箭形弹的弹尖顶端是平的，它通过滑膛枪管发射，依靠流体力学效应来稳定，但是由于发射药的爆发力比压缩空气强，因此SPP-1水下手枪在水下的有效射程和穿透力比以往潜水员用的梭镖枪更强。其在有效射程内可轻易穿透保暖潜水衣或5毫米厚的塑料面罩，从而对水中敌人造成严重创伤。

功能特点

SPP-1 是一种手动操作的 4 管手枪。枪管组件前部通过一个销轴铰接于底把上，其后部由一个锁扣固定在发射位置上。装填时像民用单管或双管猎枪那样扳开枪管，从枪管尾部装填。枪管内没有膛线。SPP-1 的双动击发机构采用一个旋转击针，每次扣动扳机时击针向后进入待发位置，同时击针座会旋转 90 度对准下一个未发射的枪管位置。

SPP-1 水下手枪底把左侧的扳把具备三个功能，位于顶端时是打开枪管用于装填，中间位置时是“保险”，而扳到底部则是“发射”。水下手枪主要用于杀伤水下的近距离有生目标，也可杀伤陆地近距离有生目标。

小链接：水底保镖

1980 年 12 月，在风光旖旎的地中海马耳他岛，离岸不远处停着一艘豪华客轮，苏联总统米哈伊尔·戈尔巴乔夫与美国总统乔治·布什正在举行历史性的会谈，全世界的目光都聚集在这儿，期待着冷战的结束。游轮之外的水域里 24 小时部署着 16 名克格勃特种作战部队的蛙人战士负责水下的安全，他们手中的武器便是当时还不为人们所熟悉的 SPP-1。根据命令，任何企图从水下接近游轮 200 米之内的活动目标都将遭到射杀。

4. 后起之秀：德国 G36 自动步枪

G36 突击步枪是德国联邦国防军装备的新型步枪，由德国黑克勒—科赫在 1995 年推出，发射 5.56×45 毫米北约制式子弹。其名声远不及 M16、AK47 和 AUG 等突击步枪，也没有经过实战检验。但是其绝妙的构思、看似常规却突出的非常规之举以及优良的战技术性能，使之公开亮相不久便引起世界枪坛的广泛关注，并在短短数年间排在了世界小口径名枪之列。

HK50：G36 的母本

20 世纪 90 年代，德国联邦边防军提出新的制式步枪计划，以取代 7.62×51 毫米的 HKG3。1993 年 9 月，德国联邦国防技术署对多种突击步枪进行评选，许多枪型因未达到标准而遭到淘汰，只剩下德国本土的 HK50、奥地利的 AUG 和英国的 L85A1，其中 L85A1 因为故障率太高最先被淘汰，而 AUG 也因它的两段式扳机系统（扣压扳机一半为半自动射击 / 扣压扳机到底为全自动射击）而落败，最终 HK50 胜出。

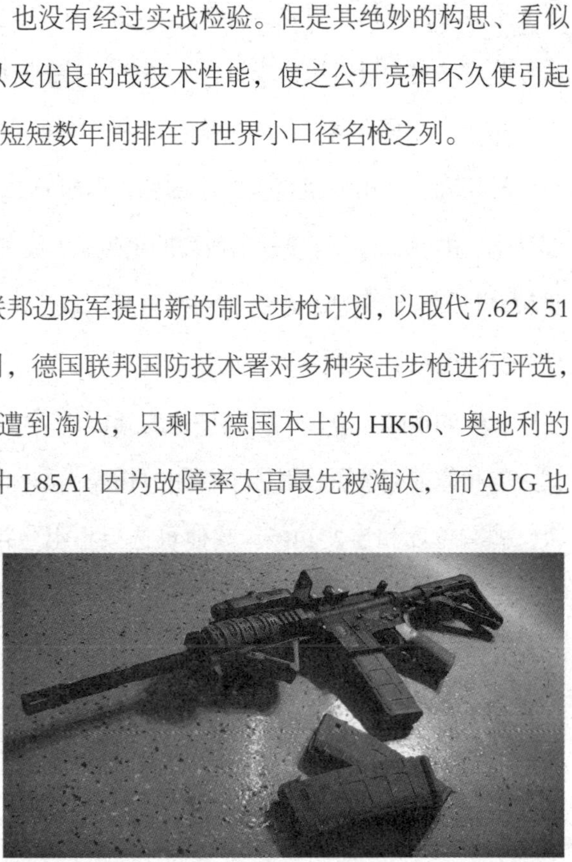

德国 G36 自动步枪

这次评选之后，德国联邦国防军在 1995

年决定采用 HK50，并要求黑克勒—科赫对它进行改良，并将军用代号设为 Gewehr36（36 号步枪），简称 G36 突击步枪。G36 的枪械运作原理与 AR-18 突击步枪比较相似，采用短行程活塞导气系统，并承袭其枪机结构；AR-18 采用单连杆、双复进导杆设计，而 G36 则是单一复进簧，瓦斯缸管及活塞设计也有差异。

性能特点

G36 并非第一支大量使用合成材料的步枪。虽然 HK 公司在 20 世纪 60 年代就已经尝试在轻武器上大量运用合成材料，而同时代研制的 AUG 步枪也是大量运用合成材料的成功例子，不过在 AUG 之后，没有其他量产的步枪能够如此成功地大量运用合成材料，多数只是在握把、枪托之类的部件上使用。在 G36 上，采用金属部件的是枪管、导气装置、枪机组件、复进簧、连接销、机匣导轨和一些击发机构内的小部件，而机匣、枪托、护木、提把和扳机座都是采用由特殊的高强度注射成型的聚酰胺（尼龙 66），并用碳纤维微料增强。这种材料集高防腐蚀、耐磨、防化学品、隔热、重量轻、高强度和空间稳定性等各种优点于一身。

G36 的保险 / 快慢机柄是传统的旋柄式，枪的两侧皆有。它位于手枪握把上方稍靠前的位置，射击手可用拇指操作。标准的扳机组是传统的 SEF 组合，即有单发和连发功能。其他可选扳机组包括 SF（只能单发）、NT（单发 / 连发，带形象标记）、012（单发 / 两发点射）和 2RB（单发、两发点射和连发带形象标记）。同样，作为一个易更换的模块，用户只需数秒即可更换不同功能的扳机组。G36 的扳机扣力比较僵硬，射手要好好练习才行。

弹匣卡笋是短板式，位于弹匣座后面，左右手均可操作，将其向弹匣方向压即能取出弹匣。同样是为了照顾用惯 M16 的美国人，HK 公司在 XM8 上把弹匣卡笋在左右两侧向后延伸，能用扣扳机的食指轻松地释放弹匣。但这一配件没发现被用在其他型号上，除了曾计划用来与挪威新步枪竞争的样枪。

G36 的族群

HK 公司在 G36 标准型突击步枪的基础上推出了 8 种变型枪，形成一个枪族，包括 G36 标准型突击步枪、G36K 短步枪、G36 卡宾枪、G36E 突击步枪、G36 运动步枪、G36 狙击步枪、G36 轻机枪和 G36C。G36 标准型突击步枪又称 HK50 型突击步枪，全枪长 998 毫米，枪管长 408 毫米，折叠式枪托，采用 3 倍放大率的光学瞄准镜。它可在光学瞄准镜前方的提把上安装前置式 NVS80 夜瞄具，该瞄具中的棱镜可将增强的图像折射到瞄准镜上。G36K 型短步枪为短枪管型，全枪长 860 毫米，枪管长 270 毫米，折叠式枪托，采用英国激光制品公司的休尔费尔战术灯和激光瞄准镜，普通瞄具为框式表尺，表尺射程 350 米，可下挂 40 毫米 AG36 榴弹发射器。G36 型卡宾枪采用 318 毫米枪管，折叠式枪托。

小链接：不卡壳的步枪

G36 的闭锁装置取自 M16，但 G36 的导气装置却比 M16 那根又细又长的导气管要好，因为导气管容易被外来异物堵塞或积炭，所以 M16 常常被抱怨在恶劣的使用条件下不可靠。而在 HK 公司的宣传中，G36 的可靠性就像 AK 步枪一样好，在中途不对枪管和导气装置进行任何保养的情况下，连续发射 2.5 万发以上的子弹，没有出现过一次卡壳之类的故障，比 G3 还要可靠。虽然 G36 本身不会被美国军队采用，但现在在 HK 公司参与的 OICW 计划中，步枪部分就是取自 G36 系统。另外，有消息指美国的执法机构正在进行采用 G36 系列的可行性评估。

5. 特种兵的战场利器：中国 05 式微声冲锋枪

QCW05 式 5.8 毫米微声冲锋枪是中国自行研制的最新型单兵特战自动武器，2005 年初正式定型，因此被命名为 05 式微声冲锋枪。QCW05 式 5.8 毫米微声冲锋枪操作灵活，反应速度快，消声效果好，是特种兵执行特殊勤务时的理想武器。

中国 05 式微声冲锋枪

主要设计意图

中国军队的编制中，步兵轻武器以步枪和机枪为主，冲锋枪只作为特种辅助武器使用。微声武器则主要用于侦察分队等特种部队的隐蔽作战，由摸哨或在侦察巡逻时开路的尖兵携带。05 式冲锋枪的设计目的是为了取代现装备的 85 式微声冲锋枪，所以尽管 05 微冲也可以取下消声器发射普通弹，但主要的设计意图还是为了满足微声冲锋枪的特殊用途，因此对噪声指标的要求是第一位的。

结构

05 式微声冲锋枪采用自由枪机式自动方式，惯性闭锁，开膛待击，枪机在复进簧作用下前冲击发。该枪设有握把保险和发射机保险——当快慢机处于“0”的位置时，扳机不能被扣动。没有空仓挂机机构，可单、连发发射。微声冲锋枪可发射 5.8mm 微声枪弹，不能发射 92 式 5.8mm 手枪弹，否则会损坏消声器，轻型冲锋枪则可发射上述两种枪弹。该枪质量轻、体积小、后坐力小，射击时容易控制，射击精度高。

05 式微声冲锋枪采用无托结构，除消声器外，全枪外形酷似缩小版的 95 式自动步枪。该枪枪托、上护盖和下护手三大塑料件的结合方式与 95 式自动步枪相同，如下护手采用前挂后卡的定位方式，前方的定位销挂在准星座下方的沟槽中，后方用固定销固定在机匣上。上护盖前方的定位板卡在准星座卡口内，后方的定位板插入照门座上方的定位孔内，这时上护盖只能向后方运动，靠枪托前端面固定。枪托通过上护盖的后方定位板、机匣定位面以及定位销固定在机匣上。照门座、枪管节套与机匣用两个空心销固定在一起，其中后面较大的空心销兼作下护手的后端固定销孔。

特色

05 式微冲采用独特的枪机半包络枪管结构，有效缩短全枪长度，便于单手持握。采用可拆卸式消声碗结构消声器，通过螺纹与枪身连接。必要时可拆下消声器，当冲锋枪使用。全天候，无论高温、低温还是在风沙、高原地区，都具有良好的可靠性以及精度高、弹道偏差小的优点。此外，该枪配有白光 / 微光瞄准具和激光指示器，可以精确射击。大容量弹匣也是 5.8 新微冲的一个亮点，采用了革命性的直插式四排发弹匣，容弹量最大可达 50 发，极大地增强了火力的持续性。无论是容弹量还是设计理念，05 微冲均是对传统的重大突破，其生产工艺已达到世界一流水平。

05 式微声冲锋枪的另一个特点是采用了握把保险。在初样机研制过程中曾经使用平移式握把保险机构，但该机构在射击过程中动作不灵活，经常出现卡滞的情况，特别是在低温试验和浸河水试验等特种条件下，卡滞现象更为突出，设计人员经过论证最终改为旋转式握把保险。另外由于 05 式微声冲锋枪采用惯性击发，因此除了发射机的保险功能外，还增设了握把保险机构，防止因意外跌落造成走火。

小链接：05 式微冲的缺点

05 式微冲拥有直插式四排双进大容量弹匣，可以容纳 50 发子弹，绝对是大容量的弹匣，只是它的宽度较大，加上弹匣与握把之间的距离也太近，因此射手可能会感到弹匣硌手，在用某些姿势射击时手臂会很不舒服。

6. 直插反恐战场的利刃：中国新型 JS9mm 冲锋枪

JS9mm 冲锋枪是建设集团公司生产的试验样枪，准确地说是 JS9mm 冲锋枪 2 号样枪，曾经在 2005 年警用装备展上展出。JS9mm 初一亮相即夺人眼球，并给人非常熟悉之感。这是由于其主任设计师是 05 式微声冲锋枪的副主任设计师，所以两枪在外形和结构上也一脉相承。由于未定型，因此其并没有正式名称，JS 只是暂时的称呼，是建设集团公司的缩写。

进入国际军火市场

中国新型 JS9mm 冲锋枪

2005 年 1 月，针对 1 号样枪在试验过程中出现的一些问题以及国外市场的要求，建设集团军品研究所将 05 式 5.8mm 微声冲锋枪截短后，开发研制了 JS9mm 冲锋枪 1 号样枪。从外形上看，1 号样枪基本上是 05 式 5.8mm 微声冲锋枪的缩短型，除了根据 9mm 与 5.8mm 口径差异做了一些相应的修改外，外型基本没有变化，较突出的是 1 号样枪仍然沿用了 5.8mm 枪族的桥式瞄准具座。JS9mm 冲锋枪分解结合时不需要专用工具。握把中部为空心结构，可以放置小型附件。由于是在样枪试制阶段，因此该样枪的塑料件都采用机械加工而成，只待设计定型后开模进行批量生产。JS9mm 将如一柄利刃，直插世界反恐战场。

整体设计

JS9mm 冲锋枪沿袭了 05 式冲锋枪的设计风格，采用无托结构，自由枪机式自动方式和惯性闭锁机构。该枪没有使用 05 式冲锋枪的 4 排弹匣设计，主要是因为 9mm 手枪弹比 5.8mm 手枪弹的弹径大得多，如果采用 4 排弹匣，弹匣尺寸偏太，会造成全枪横向尺寸过大。另一个需要考虑的是 4 排弹匣的供弹可靠性问题，虽然 05 式 5.8mm 微声冲锋枪的 4 排弹匣已经通过国家靶场的试验完成设计定型，但是弹匣尺寸太大会导致弹匣壁的强度出现问题，弹匣在受冲击的情况下容易变形，严重影响供弹的可靠性，如果增加弹匣壁厚度来提高强匣的强度，弹匣的重量也将大大增加。所以，JS9mm 冲锋枪采用了传统的双排弧形弹匣。

JS9mm 冲锋枪采用活动式拉机柄。拉机柄依靠上机匣盖的开口作为导引，向后拉拉机柄，推动枪机框导杆尾端，压缩复进簧到位后，释放拉机柄，枪机在复进簧作用下推弹上膛，闭锁，完成首发装填，拉机柄依靠簧力卡在上机匣盖上，不随枪机运动。这种结构与固定式拉机柄相比有两点好处：一是避免了拉机柄随枪机运动过程中对射手造成伤害；二是减少了枪机在运动过程中附件对其运动稳定性的影响。

JS9mm 的保险

JS9mm 冲锋枪设置了 3 套保险装置，分别是快慢机保险、握把保险和不到位保险。快慢机有 3 个位置，位置“1”表示单发发射，位置“2”表示连发发射，位置“0”表示保险状态。握把保险采用了旋转式握把保险机构。不到位保险主要是基于射击时首发装填的安全性问题而设置的，当枪机前进不到位时，不能完成击发动作。

小链接：JS9mm 的左右开弓

有一个奇怪的地方是，05 式冲锋枪的快慢机在枪身左侧，右手拇指能方便地操作，而 JS9mm 冲锋枪却是在枪身右侧，这样操作起来就不够方便。如果是针对出口市场的话，建议左右两侧都应该有快慢机。另外一个建议是增大扳机护圈，采用类似 95 式自动步枪或俄罗斯的 PP-2000 那样的设计，使扳机护圈兼作前握把时握持更牢固。

7. 坦克新生代：中国 99 式改主战坦克

顾名思义，99 式改主战坦克，就是 98（99）式主战坦克的改进型。99 式改主战坦克对 98（99）式主战坦克的改进主要有两个方面。99 式改主战坦克动力采用了国产 150HB 型涡轮增压中冷式大功率柴油机（1500 马力）和新型高效传动系统，最大公路时速达 80 千米。另外，该坦克炮塔正面和侧面都在原有复合主装甲的基础上，加装了新的楔形双防反应附加装甲，车体也采用复合装甲。这样一来，该坦克车体和炮塔的防护能力就相当于 800 毫米和 1000 毫米厚的均质装甲，抗弹能力大幅提高。

简历

1999 年 10 月 1 日，中国举行国庆 50 周年纪念活动。在阅兵式上，通过天安门广场的阅兵车队中，有 18 辆新型战车引起了人们的关注。起初，人们以为这种战车是 96 式战车或 90-II 式中国自用量产车种，后来才知道是全新的战车，名为 98 式，编号为 WZ-123 或 ZTZ-98。

98 式与俄制 T-72 与 T-80 战车颇有渊源。很早以前，T-72 就是中国 90 式 /MBT-2000 的参照对象。1995 年，俄罗斯向中国展示了更先进的 T-80U，也成为 98 式的重要技术来源之一。98 式的底盘与 T-80U 几乎一模一样。不过，98 式的整体构型和细部构造与俄制战车还是有所区别，比如方形焊接式炮塔就是从 85 系列发展而来的。1989 年，中国政府与北方工业公司签订发展第三代主力战车的合约，分别于1990年和1992年制造了一辆原型车并进行测试，最后在1998年定型，按年份定应名为98式，不过后来正式命名为99式。

99式坦克在1999年公开亮相之后，其改进版又于10年后（2009年）的国庆阅兵式上出现。最近几年，99式改主战坦克批量装备部队，标志着99系列坦克的最终完善。其从研发到最终完善，用了20年左右的时间，可谓二十年磨一剑。

性能

99式主战坦克虽然是中国第三代主战坦克，但其技术水平仍然不尽如人意：炮长瞄准镜仍为下反式瞄准镜，动对动射击能力也很差；其发动机只有1200马力；性能虽然略优于T-72，但其转向性能等都不如西方坦克。一句话，最初的99式主战坦克与西方第三代主战坦克差距非常大。

99式坦克服役后，中国持续对其升级改造，提升了火控系统，这就是99A式坦克。不过，99A式在动力和装甲方面的改进很小，因此不是很受欢迎。而性能不俗、价格又相对便宜的96A式坦克颇受军方青睐。

1999年后，中国在火控、动力传动技术等方面取得了长足进步，并将之运用到各种车辆的研发制造上。以对99式主战坦克的改进为例，在100毫米轮式突击炮上采用了比原先更好的炮长上反稳像瞄准镜。多年的技术积累，使得研发机构有足够的能力对99式坦克进行大改，最终造出了99式改主战坦克。

99式改主战坦克的主要性能优势有：125mm主炮在口径上优于西方坦克；以T-72坦克底盘为基础研制新底盘，可靠性及维护成本表现优异；独有激光致盲系统；新的爆炸反应装甲厚度比T-90主战坦克的厚；车内空间比俄制战车大，自动装填机（T-72的机械旋转弹盘）更安全，不易使乘员受伤。不过，其火控系统仍然很一般，引擎拆装也太慢，而且不够紧致。

动力及防护系统

99式改主战坦克的发动机也采用12缸新150柴油机。因为其战斗全重还不到51吨，所以发动机的最大功率仅设置为882千瓦（1200马力）。这一设置，使得该坦克动力系统在882千瓦以下范围内的功率变化曲线形态优于很多国外的1102.5千瓦（1500马力）系统。此外，其发动机功率也可调高到940.8—955.5千瓦（1280—1300马力），最大功率为1102.5千瓦。经过改进，在发动机功率上，99式改主战坦克终于与美国M1A2、德国豹2、法国勒克莱尔等西方第三代坦克一致。

99式改主战坦克采用液力变矩器，以更好地适应路况，同时拥有了更好的初始加速性能；液力制动器的使用可让最高速行驶的99式改主战坦克在3秒左右完全制动停车；而采用液力—液压复合转向技术，则能让其实现无级精确转向。

动力提升，其防护能力也相应得到提高。99式改主战坦克采用了更大、更重的全新楔形炮塔，这与德国豹2A6类似，但后者是安装空心附加装甲后的形状。与豹2A6不同，99式改主战坦克的炮塔正面基甲本身就是楔形，最大厚度竟超过1米，其防护能力与之前各国的主战坦克不可同日而语。要知道，第三代主战坦克的炮塔正面复合装甲块厚度在600—750毫米。99式改主战坦克对长杆尾翼稳定穿甲弹的防御力已达到1000毫米均质钢装甲水平，这在人类坦克发展史上还是第一次。

拥有如此强大的防护性能，99式改主战坦克在1500—2000米的正常交战距离上，可以免疫世界各国的所有穿甲弹，而亚洲各国采用的二流甚至三流穿甲弹在1000米内都难以对99式改主战坦克的正面构成威胁。此外，99式改主战坦克正面楔形装甲块上还安装了由陶瓷和高硬度钢板组成的附加装甲，单块装甲厚度超过100毫米，可有效增强其正面防护能力。可以说，在防护性能方面，99式改主战坦克已经是世界现役主战坦克里的NO.1，且与其他型号拉开很大距离。

8. 集现代科技之大成：德国“拳击手”装甲运兵车

“拳击手”装甲运兵车为德国KMW公司的新一代轮式装甲车，有“世界第一装甲车”的美誉。作为真正的模块化车辆，“拳击手”带有可互换模块。其车体可以保持不变，而后车厢则被分成一组一组的模块，通过调整模块可实现不同用途，包括步兵输送车、指挥车、救护车和后勤补给车等。而且，更换模块仅需要一个小时的时间。虽然也有一些自称模块化的装甲车，但都没有像“拳击手”这样真正实现模块化设计。截至2013年1月23日，“拳击手”能变10种车型，显示了很突出的“组合速变、多用途性”。

“拳击手”装甲车

发展简史

光听“拳击手”这个名字，就能感到它的气势和力量。不过，“拳击手”的诞生却充满了曲折。早在1990年，德国就提出了一种新型多用途轮式装甲车战术概念。不过因为经费不足，德国寻求与其他国家合作，一起研制、共担风险，然而应者寥寥，只好自己进行研制工作。直到1999年，才有英国参与其中，2001年荷兰也加入了。不过，三个国家对研制计划的命名却各自不同。2002年，该计划第一辆原型车在德国研制成功。为表现欧洲大一统的愿望，欧洲武器联合采购组织为这种新型装甲车取名为“拳击手”（Boxer），并得到三个国家的一致认同。

然而，正当“拳击手”进入开发新阶段时，英国却选择了退出。英方认为，该装甲车重达33吨，很难运送，战争中无法部署。英国的退出无疑增加了研发成本。幸好，荷兰对“拳击手”的优良性能非常满意，坚持了下来。根据需要，通过调整模块，可把原来的人员输送车变成装甲救护医疗车、后勤补给车或装甲指挥车，而更换后车厢模块仅用一个小时就能完成。

优良配置

“拳击手”在装甲防护上采用了模块化装甲，即由钢和陶瓷组合成的装甲板块，由螺栓加以固定。这种模块化装甲上可抗攻顶导弹，下可抗地雷破坏。“拳击手”车上有减低红外特征措施，也有低雷达特征，其外形光滑，结构平整，有助于降低雷达信号强度。

“拳击手”的驾驶模组模块化设计非常先进，使其具有大力快速的特点。它装置有MTU公司的8缸机械增压柴油发动机，功率达530千瓦；装配精密的艾利森自动变速箱和先进轮胎，备有两种悬挂和行走装置模块可供选择。所以，其战术机动能力很强，公路最大速度达103千米/小时，最大行程1000千米。不过，“拳击手”的重量确实限制了其战略机动性，而德国和荷兰似乎都没有看中其战略空运能力。

“拳击手”最多可容纳11人。在设计中本着“以人为本”的原则，按人机工程学原理来设计座位，强调乘坐的舒适性，以便士兵可以在艰苦的作战环境中作战。该装甲结构全密封，对乘载人员全面防护，还便于安装大功率空调系统，适于在炎热地区长期作战。其优化设计的悬挂装置和减震系统，大大降低了车内噪声，实现“寂静”行驶。液压控制的跳板式后部车门，使乘员能迅速上下车。车内有效容积达 14 立方米，环境较为宽敞和舒适。

“拳击手”车族

“拳击手”的模块化结构体现了车族化、标准化的设计思想。按照研制合同，基型车为装甲输送车，变型车有 4 种：装甲指挥车（德、英、荷）、装甲修理车（也称战伤排除车，荷兰）、物资输送车（荷兰）、装甲救护车（英、荷）。今后，还可以根据需要进一步变型为步兵战车、装甲通信车、炮兵指挥车、炮兵观察车、雷达观察车、迫击炮车、工兵输送车、清障车等。可以想见，“拳击手”将在若干年后形成一个红红火火的车族。

9. 沙漠金刚：战场中的梅卡瓦主战坦克

自从第一台梅卡瓦 Mk1 型坦克于 1979 年交付以色列国防军以来，梅瓦卡主战坦克截至 2015 年已发展了 4 代，亲历了以色列已爆发的多次冲突，是当今世界经历实战次数最多的主战坦克。研发初期，梅卡瓦主战坦克的三大性能次序是防护、火力和机动性，使其赢得世界上“防护性最高的坦克”的美誉。

发展简史

中东战争爆发之前，以色列受英国之邀购买了酋长主战坦克，并为此支付了大量资金。不久后，阿拉伯世界国家向英国施压，迫使英国外交部取消了这笔交易。作为补偿，英国只向以色列供应了一批逊邱伦主战坦克。同时，联邦德国向以色列提供 M48 坦克的计划也因阿拉伯国家的干涉而终止。最后，以色列只得到美国提供的 M48 主战坦克、M60 和 M60A1 坦克。这一系列事件让以色列认识到自主生产新型主战坦克的必要性。

1967 年，中东战争爆发。以色列认为，“机动防护”在此战役中并没有发挥多大的作用。在吸取实战经验的基础上，以色列在设计研发主战坦克时确立了“以防护为基础、保护乘员为中心”的理念。该理念下的新型坦克定名为梅卡瓦（希伯来语 Merkava，意为“战车”）。

新坦克的设计工作始于 1967 年初，美国为此提供了 1 亿美元援助。1974 年，第一辆梅卡瓦坦克样车制成。1977 年，以色列对外宣布，梅卡瓦坦克正处于研制阶段，准备批量生产 40 辆。1979 年，第一批生产型梅卡瓦 Mk1 型坦克交付以色列陆军，并运用于 1982 年的黎巴嫩战争中。首次驰骋沙场，梅卡瓦就以微小的代价击毁叙利亚陆军苏制 T-72 坦克 19 辆，一战成名。

此后，以色列研发了梅卡瓦 Mk2、Mk3 和 Mk4 型主战坦克。其中，梅卡瓦 Mk4 型坦克装有最新的目标自动跟踪系统，能锁定几千米外的敌方地面运动目标和低空飞行直升机。此外，其防护也较先进，周身挂有模块化复合装甲，还配备了先进的激光报警装置。

结构布局

该坦克前上装甲焊接有良好防弹形状的装甲板，右边比左边略高。铸造装甲后面有一空间装有柴油，其后是另一层装甲。这种设计使该坦克有较好的防破甲弹和反坦克导弹的能力。该坦克的车内布置与普通炮塔式坦克不同，战斗舱在车体的中部和后部，驾驶舱在车体前左，车体前右是动力舱。

驾驶舱有 1 个向左开启的单扇舱盖和 3 个潜望式观察镜，其中中间的 1 个可换成被动式夜视镜。驾驶舱与战斗舱之间有一通道，驾驶椅向前折叠时，驾驶员可以通向战斗舱。其车体后部可以储存炮弹，弹药装在特制的弹药箱内并放在弹架上。弹架可以拆除，以便腾出空间乘坐一组指挥人员。这使梅卡瓦主战坦克拥有强大的步兵投送、支援能力。

其车体结构的后门颇有意思。事实上，它有 3 个后门，左边是蓄电池装卸舱门，右边是三防装置保养舱门，中间主后门分为上下两道，上道门向上开，下道门向下开，也可从车外开启，但车内有闭锁装置，原理同防盗门。其中间后门主要用于装卸弹药和供乘员上下车。

武器装备

梅卡瓦 Mk1、Mk2 主战坦克的主要武器是一门 M68 型 105mm 线膛坦克炮，由以色列军事工业公司生产，炮管上装有热护套。该火炮俯仰角为 −8.5° —20° ，可以发射北约标准型 105mm 破甲弹和碎甲弹。由以色列军事工业公司研制的 M111 式尾翼稳定脱壳穿甲弹，性能优于美国 M735 式尾翼稳定脱壳穿甲弹。该坦克上载有 92 发 105mm 炮弹，8 发待发射炮弹存放在炮塔座圈下方，其余 84 发弹储存在车体后部，其中 12 发弹装在 2 发弹的容器内，72 发弹装在 4 发弹的容器内。

在 105mm 火炮左侧装有一挺 7.62mm 并列机关枪，车长指挥塔门和装填手门上方各装有一挺同类机关枪。坦克内载有 2000 发子弹，供三挺机关枪使用。

Mk3 型改用 120mm 滑膛炮，可发射以色列和北约标准的所有 120mm 弹药。Mk4 型沿用 Mk3 型的 120 毫米滑膛炮，但反后坐装置已改用压缩气体作为储能元件。这一改进使反后坐装置的直径减小了约 100mm，且允许火炮使用更大的膛压发射弹丸，提高了弹丸的速度，其穿甲能力也因此增大。该炮还使用了新的热套筒，导热更为均匀，减缓了炮管温度变化所导致的形变程度，从而提高了火炮的射击精度。

梅卡瓦 Mk2 型、Mk3 型、Mk4 型炮塔上还装有一门 IMI 型 60mm 迫击炮作为辅助武器，可发射榴弹、烟幕弹和照明弹。

小链接：投入实战次数最多的坦克

梅卡瓦坦克是当今世界上投入实战次数最多的主战坦克，自投入实战以来，参与了所有以色列介入的局部战争。

1982 年，第五次中东战争期间，梅卡瓦坦克第一次投入战斗。以色列出动了 1200 辆坦克，其中梅卡瓦 Mk1 坦克 200 辆。敌对方叙利亚装甲部队含 T–55、T–62 和 T–72 坦克，与梅卡瓦 Mk1 坦克交战过程中劣势尽显。

2006 年，黎巴嫩战争期间，以色列动用了大约 400 辆坦克（包括 Mk2、Mk3、Mk4 三种型号），主要用于支援步兵和从战场上后送伤员。据以色列《环球报》公布的数据，以色列坦克被击毁 52 辆。

2008 年，加沙战争期间，梅卡瓦主战坦克以其卓越的防护、攻击性能，成功扮演了城市巷战的“杀手”角色。

10. 海湾战争的枭雄：英国挑战者主战坦克

1991 年，海湾战争爆发，英国陆军参战，共装备 157 辆挑战者 -1 主战坦克，担任联军地面攻势中最重要的左翼——横越伊南沙漠，切断伊军朝巴格达撤退的路线。在战争中，挑战者 -1 共击毁 300 多辆伊军各式坦克、装甲车辆，英国仅一辆挑战者 -1 被击毁，战绩非凡，挑战者坦克可谓出尽了风头。

尽管如此，挑战者 -1 仍在不少方面存在问题。为适应现代战争需要，英国对挑战者 -1 进行改进，引进了隐身技术，加装全方位独立观瞄仪，升级数据链系统等，使挑战者 -1 的升级版挑战者 -2 成为全世界第一种具备“猎杀—猎杀”（Killer-Killer）能力的主战坦克。目前，挑战者系列坦克中最先进的是挑战者 -2E。

挑战者 -2 坦克

发展简史

20 世纪 60 年代末期，酋长坦克刚刚研发完成，英国就开始着手规划更新下一代主战坦克。不过，过程并不顺利。起初，英国以酋长式为蓝本推出 FV−4211 原型车，以全新设计、具有乔巴姆复合装甲的车体与炮塔搭配酋长式既有的装备，并强化了防护能力。不过，这项计划随着 1972 年英国、联邦德国展开未来主战坦克（FMBT）计划而终止。1977 年，FMBT 计划终止，英国随即在酋长式坦克的基础上研制新一代主战坦克，这就是挑战者 −1。

挑战者 −1 在海湾战争中表现不俗，但火控系统与动力系统都不大好。海湾战争后，各国军火商都看好中东这个大市场，英国也不例外。美国、法国和德国生产的坦克都获得了大量订单，而英国生产的挑战者 −1 坦克的购买者却寥寥无几。为改变窘境，英国挑战者 −1 生产单位维克斯公司于 1986 年自行展开挑战者 −1 性能提升计划，这就是日后的挑战者 −2 型。1987 年，第一辆挑战者 −2 原型车推出，并于 1989 年取得了英国陆军的 9 辆订单。

1991 年，英国陆军订购了首批 127 辆挑战者 −2 型坦克与 13 辆配套的训练用车，于 1998 年交货完毕。1994 年，英军签约采购第二批 259 辆挑战者 −2 型坦克与 9 辆驾驶训练用车，并于 2002 年交货完毕。就整体构型而言，挑战者 −2 与挑战者 −1 差别甚小，但实际上挑战者 −2 的细部设计改进很大，总改良项目高达 156 项，其中仅动力系统就占了近 50 项。

智能火控系统

与挑战者 −1 相比，挑战者 −2 有 16 项重大改进，主要包括：采用 L−30 型 120 毫米线膛炮；新型的 TN−54 型自动变速箱；新型的乔巴姆装甲；新型的火控系统和增强顶部防护的新炮塔等。其中以火控系统的改进最大，也是挑战者 −2 与挑战者 −1 最大的不同之处。

挑战者 −2 所采用的火控系统是 M1A1 火控系统的改进型，包括新型火控计算机、稳像式三合一炮长瞄准镜、全电式炮控系统等。这意味着，在火控系统的技术水平上，挑战者 -2 已经与美国 M1A1 和德国豹 -2 不相上下。维克斯公司声称，改进后的挑战者 -2 功能强大，并且拥有很大的改进潜力，将是第三代主战坦克最出色的车型之一。

安装“猎—歼”合一的数字化、网络化车载智能火控系统，是提高现代主战坦克火炮威力的重要举措，这已成为不少军事专家的共识。以坦克车载火控系统及各种传感器与车辆数据总线直接相联，组成一个车辆信息局域网，由多台分布式的数字化计算机控制，这种指挥仪式的火控系统能实现车长独立昼夜搜索目标，炮长可快速完成自动化全天候操炮作战。事态紧急时，车长甚至可以越过炮长，直接操纵大口径坦克炮射击突然出现的威胁目标，这一功能被称为“猎—歼”合一火控模式。装备了现代化火控系统的主战坦克，越野行进间射击首发命中率高达 95%，可识别战场上 4500 米以内的敌军目标，跟踪与射击 2500 米以内的运动和静止目标，还可弹无虚发。目前世界上比较先进的主战坦克，如美军的 M1A2 式主战坦克等都装备了第三代“猎—歼”式指挥仪型车载数字化光电计算机合一的火控系统。英国挑战者 -2E 坦克也采用了这种火控系统，并被有关专家评为现役主战坦克车载火控系统最先进者。

在该系统下，坦克车长周视潜望瞄准镜及炮长瞄准镜都装有独立的热像仪和激光测距机。车载中央数据处理计算机可以同时计算车长及炮长标定的两组火控数据，当跟踪瞄准第一个目标时，可以搜索并锁定第二个目标。而第一个目标被消灭后，只需按下按钮，就能自动攻击第二个目标，实现“无间隙”地操纵火炮。这样一来，挑战者 -2E 型主战坦克可节省炮长两次标定目标所需的时间，几乎可同时对付两个目标，将射击循环时间降至每两发 6 秒钟左右，从而达到光机电模式火控系统的极限。

小链接： 猎杀—猎杀

一般情况下，挑战者 -2E 以“猎杀—猎杀”的模式作战。所谓“猎杀—猎杀”，就是车长可以独立对目标进行选择、测距，待命令下达给炮长之时，弹道计算已经完成，直接击发就可以。这种模式使火炮的反应速度上了一个台阶。相传，挑战者 -2E 在试验时曾创造了 40 秒摧毁 8 个目标的佳绩。在紧急情况下，车长还能越过炮长直接发射，因此叫做“猎杀—猎杀”。

11. 陆战之王：美军 M1 主战坦克

M1 系列主战坦克由美国通用动力陆地系统部门为美国陆军及美国海军陆战队设计生产，是第三代主战坦克。目前，其家族主要有 M1、M1A1 及最新型号 M1A2，装有全新的装甲和电子设备。在 20 世纪 80 年代后美国参与的历次大规模军事行动中，该系列主战坦克以其机动性强、火力精准强悍等优势通过检验，赢得了全球最佳主战坦克之一的地位。

研发简史

20 世纪 70 年代的中东战争对美国主战坦克的发展产生了深远影响。有军事学家认为，这次战争是二战以来最大的坦克战，而美国的坦克表现平平。

这次战争让美国陆军觉得兵力对比是战役结果的决定性因素之一，并发现了装甲作战和多兵种合成作战的优点。这就要求研发新型的适应现代战争的主战坦克。然而，当时北约组织的坦克在火力、防护和机动性方面都没有足够优势，再加上数量和性能不足，无法在战争中发挥优势。生产一款在火力、防护和机动性能方面都占据优势的主战坦克，成为不少北约国家的共识。

M1A2 主战坦克

为用最低成本研发出最佳性能的坦克，美国陆军选择了具有竞争性的研发流程，分别选择了克莱斯勒公司（M–60 系列坦克的制造商）和通用汽车公司（MT–70 制造商），资助他们进行设计，并从中挑选最佳方案。1973 年，美国陆军同时和两家公司签约，以制造新坦克的原型样车，项目编号 XM1，后来被命名为 M1“艾布拉姆”。1976 年，两家公司交付原型样车，并进行测试。最后，克莱斯勒公司的方案被选中。1980 年，第一台生产型战车完成下线。1981 年，基本型 M1 坦克的第一批生产型号进入美国陆军序列。同年，美国陆军正式采购 7058 辆 M1，至 1984 年订单总数已经追加到 7467 辆，替换了第一线部队中的 M–60 系列。

M1 家族

充分吸取了实战经验和现代技术的 M1，设计之初便具备以下优点：特别的装甲、热成像仪、良好的火力控制系统和涡轮发动机等。这使得 M1 坦克比其前辈 M60 系列速度更快，操作性能也更好，再加上使用了几乎所有最新技术的火力控制系统，M1 实现了主战坦克的巨大飞跃。

不过，M1 的性能并不是很好，其 105 毫米线膛炮的效果比构想中的差得多。为了使其具有更强的防护和杀伤能力，并赶上苏联新式坦克，美国对其进行了改进。在此背景下，M1 一共生产了 5 种型号。当然，这五种型号都是围绕 M1、M1A1、M1A2 这三种主要的服役型号而划分的。第一种原始型号，即 M1，它从 1984 年生产到 1985 年 1 月，共生产了 2374 辆，因性能太差而成为被嘲笑的对象。第二种型号为 IPM1，算是 M1A1 和 M1 之间的过渡型号。第三种型号为 M1A1，生产计划始于 1985 年。M1A1 对 M1 进行了很多改进，其中最重要的是使用了德国莱茵金属公司的 120 毫米滑膛炮，并对相应的火力控制系统进行了更改。此外，M1A1 系列还安装了新的复合装甲，包括其贫铀装甲板。这种装甲大大提高了其生存性能。

第四种型号是 M1A2，其最主要的火控改进是在敌我识别和热像仪的清晰程度方面。此外，它也进一步增加了索敌距离，可以更好发挥滑膛炮射程远的优势。同时，该车型开始使用贫铀装甲，极大提升了防护能力，但重量和造价相应提高。第五种型号是 M1TUSK，能够应付更多战况，比如面对敌人的机动步兵和反坦克火箭筒等。但是这种改进不但增加了其造价和重量，而且导致隐蔽功能也有所下降。

动力及武装设计

在动力方面，M1 并没有使用一般坦克惯用的柴油机，而是选择了莱康明（Lycoming）的 AGT−1500 燃气涡轮，可以使用多种燃油，最大输出力达 1500 马力，使得因性能增加而变得笨重的 M1 拥有 27.5 的超高推力重量比。其最大公路时速可以达到 72 千米，且加速度与越野机动力为上一代主战坦克所望尘莫及。

在 M1 研发生产时期，西方与苏联坦克都采用口径在 120mm 以上的主炮，所以从设计之初其炮塔就能容纳 120mm 的坦克炮。不过，M1 刚服役时仍配备一门当时北约制式的 M68A1 105mm 51 倍径旋膛炮，车上储存 55 发 105mm

炮弹。除主炮之外，M1 还有一挺 M−2 12.7mm 车长用机枪（备弹 900 发）以及两挺 M−240 7.62mm 轻机枪（其中一挺为同轴机枪，另一挺则为装填手机枪，总共备弹 11400 发），车身两侧各设有一具 M250 66mm 六管烟雾弹发射器（备弹 24 发）。

12. 猛兽来袭：德国豹 2 主战坦克

豹 2 主战坦克研制于 20 世纪 70 年代，是第三代主战坦克中的佼佼者。豹 2 战斗全重 55.15 吨，乘员 4 人，坦克最大时速 72 千米，最大行程 550 千米。其主要武器有 120 毫米滑膛炮 1 门，配有尾翼稳定脱壳穿甲弹和多用途弹，弹药基数 42 发。

研发简史

豹 1 主战坦克刚一投产，著名汽车制造公司保时捷公司就获得了一份对其进行优化的合同，以提高战斗性能。1967 年，该合同期满。当时，德国正与美国联合研制 MBT−70 坦克。联合发展计划不允许任何一国单独发展自己的坦克，但德国为豹 1 坦

豹 2 主战坦克

克研制了提高性能的新部件，其中部分为研制新坦克创造了条件。

1968 年，克劳斯·玛菲公司获得了一份合同，价值 2500 万马克，要求制造 2 辆新坦克样车。这种新坦克与后来的生产型豹 1A3/ 豹 1A4 坦克相似，装有改进型火控系统、不同的稳定装置、新型发动机和传动装置，还装有 1 门 105mm 线膛坦克炮、1 挺 7.62mm 并列机枪和 1 挺 7.62mm 高射机枪。

1969 年，当德国和美国联合研制的 MBT-70 坦克处于样车发展阶段时，德国便利用 MBT-70 坦克部件研发了一种牡野猪（Eber）试验坦克。在此基础上，德国又研制了一种叫做野猪（Keiler）的新型试验坦克。1970 年，MBT-70 坦克计划终止，德国便决定自行研制豹 2 主战坦克。

1977 年，联邦德国批量生产豹 2，一次性提交了 1800 辆的订单。1979 年，第一辆生产型豹 2 坦克交付联邦德国。此后，联邦德国先后订购了多批豹 2，并于 1992 年全部交付完毕。

除了德国外，还有其他一些国家装备了豹 2，如荷兰、奥地利和西班牙等。

技术性能

在动力方面，豹 2 装有 MTU 公司研制的 MB873Ka-501 型发动机。该发动机具有单位体积功率高、低速扭矩特性好、燃油经济性好、起动性好等特点。与豹 1 坦克使用的 MB838 型发动机相比，其功率从 610 千瓦（830 马力）增加到 1103 千瓦（1500 马力），提高了 80%。此外，通过减小进气管、喷油泵和气缸盖尺寸以及改进油底壳等部件，发动机的结构尺寸更加紧凑。该发动机使豹 2 具有更好的加速性能，而其环形散热器冷却系统消耗功率也高达 162 千瓦（220 马力），高于其他坦克。

该坦克采用指挥仪式稳像火控系统，比较稳定，而且行进间对运动目标的射击命中率也很高。车长配有 PERI-R17 型稳定的周视主瞄准镜。炮长则有双放大倍率的稳定式 EMES15 型潜望式瞄准镜，其中包括激光测距仪和热成像装置。置于EMES15型瞄准镜中的热像仪，可以让火炮在恶劣的气候环境或夜间对伪装的目标进行瞄准和射击。此外，炮长还有1个辅助的FERO–Z18型望远式单目夜间瞄准镜。

豹2拥有非常强的防护性能。在设计之初，豹2就将乘员的安全放于首位。其车体和炮塔都采用间隙复合装甲，车体前端呈尖角状，增加了厚的侧裙板，而两侧前部有3个可起裙板作用的工具箱，这就使其正面弧形区的防护能力得到提高。炮塔外轮廓低矮，防弹性好，并将待发弹存于炮塔尾舱，且用气密隔板将弹药与战斗舱隔离。

武器装备

豹2安装莱茵金属公司研制的120mm滑膛炮，炮管长5.3m，用电渣重熔钢制成，装有热护套和抽气装置，设计膛压为710米Pa，实际使用膛压为500米Pa（5500千克f/cm2）。炮管系用自紧工艺制造，内膛表面经镀铬硬化处理，从而提高了炮管的疲劳强度、磨损寿命和防腐蚀能力。因此，豹2炮管寿命稍长，为650发。

120mm滑膛炮配用尾翼稳定脱壳穿甲弹和多用途破甲弹两种弹药。车上装42发弹，其中27发储存在驾驶员左边的车前部分，15发储存在炮塔尾舱里。其中，DM13尾翼稳定脱壳穿甲弹是120mm火炮的主弹种，其初速约为1650米/秒，最大有效射程3500米。

小链接：第三代主战坦克

二战以后，各国纷纷将高新技术应运于主战坦克，美、德、英、法、中、俄等国相继推出自己的新一代主战坦克，即第三代主战坦克。美国的M1A2、德国的豹2、法国的勒克莱尔、英国的挑战者、中国的

99A2、俄罗斯的T-90等都是第三代主战坦克中的佼佼者。

第三代主战坦克具有以下优点：战斗力强，配有口径120mm以上的坦克炮；技术装备先进，大多装有先进的火控系统，并大量配备自动传感设备，实现了高度自动化、电子化，具有全天候作战能力；机动灵活，坦克上装有大功率发动机，速度快，还配有高度自动化的指挥、通信系统，能大幅度提高坦克的机动性与作战效率；防护能力强，坦克车体小，并配备有新一代复合装甲。

13. 伊拉克战场的“沙漠军刀”：“布雷德利”步兵战车

“布雷德利”是美国研制的一种步兵战车，以美国五星上将布雷德利的名字命名。它于1980年定型投产，1983年装备美国陆军。它是一种履带式、中型战斗装甲车辆，是一种伴随步兵机动作战用的装甲战斗车辆，可以独立作战，也可协同坦克作战。

“布雷德利”步兵战车

研发简史

20 世纪 60 年代初期，美国根据现代战争的需要，提出了发展机械化步兵战车的构想。在“布雷德利”之前，美国共研发过 3 种样车。

第一种为 XM701 型，也叫做 MICV−65 型，共制出样车 5 辆，但其潜力不大。第二种为 XM765 型，共生产样车 2 辆，由美国食品机械化学公司军械分部研制。美军没有采用这一型号，但该公司看好其未来，决定自行投资，继续发展并命名为 AIFV 装甲步兵战车。目前，该型号不仅在荷兰、菲律宾和比利时军队中装备，而且被土耳其选中，特许生产。第三种为 XM723 型，由美军于 1974 年提出，克莱斯勒公司、食品机械化学公司和太平洋汽车与铸造公司 3 家企业参与竞争。同年 11 月，美军选定食品机械化学公司军械分部，并签订了工程与预生产合同。1975 年，样车生产完毕。

1976 年，美军机械化步兵战车特别小组对整个 XM723 计划进行了单独验证，并提出了不少建议，部分为美军采纳。根据建议，整个计划改名为 FVS 战斗车辆系统，由两种车辆组成，即 XM2 步兵战车和 XM3 侦察战车。1978 年，XM2 和 XM3 正式命名为 M2 型和 M3 型，又统称为“布雷德利”战车。

1981 年，首批生产型车辆正式交付。1983 年，M2 型正式装备美军。美军对“布雷德利”的总需求量为 6889 辆，其中 M2 型和 M3 型 2300 辆，M2A1 型和 M3A1 型 1371 辆，余下 3218 辆为 M2A2 型和 M3A2 型。

结构性能

“布雷德利”车体为铝合金装甲焊接结构。其车首前上装甲和顶装甲采用 5083 铝合金，炮塔前上部和顶部对车首前下装甲均为钢装甲，侧部倾斜装甲采用 7039 铝合金，车体后部和两侧垂直装甲为间隙装甲。间隙装甲由外向内，共有 5 层，总厚度 152.4mm。其车底底装甲采用 5083 铝合金，其前部 1/3 处挂有一层 9.52mm 的钢装甲，以防地雷。该装甲设计能防 14.5mm 枪弹和 155mm 炮弹破片。

驾驶员位于车体前部左侧，有 4 个潜望镜，3 个在前部，1 个在左侧，中间 1 个可换成 AN/VVS-2 微光驾驶仪。驾驶员右侧为动力舱，与发动机匹配的为 HMPT-500 液压机械传动装置，由 2 个液压泵和马达总成。

该车载员 7 人，载员通过车后跳板式大门出入，大门用液压装置操纵。大门左侧还开有小门，以备不时之需。载员舱顶部有 1 个舱口，两侧和后部各有 2 个射孔，每个射孔上方都有潜望镜，方便车内步兵射击。

该车遇水可以浮渡，采用履带划水推进。如果乘员操作熟练，5 分钟内就可以让装在车辆四周的折叠式围帐升起。

该车炮塔能旋转 360° ，位于车辆中央偏右。炮塔内，炮手的位置在左，车长居右，都有用于前方和侧部观察的潜望镜。炮塔前部火炮两侧各有 1 组电操纵的烟幕弹发射器，每组 4 具。此外，还有热烟幕施放装置和故障诊断装置，后者能够检测发动机、传动装置、电气设备和火控系统中的故障，便于及时排除。

武器装备

该车主要武器为 1 门 25mm 的 M242 链式机关炮，俯仰范围为 -10° —60° 。该机关炮采用双向单路供弹，可以选择不同的弹种，既可发射厄利空 25mm 炮弹，也可发射美国 M790 系列弹药，其中包括 M791 曳光教练弹。该机关炮可单发，也可连发。其连发射速有两种：一种为 100 发每分钟；另一种为 200 发每分钟。

该车辅助武器有 1 挺 7.62mm 的 M240C 并列机枪，位于主炮右侧。

此外，车载武器还有陶式坦克导弹，采用双管箱式发射架，内装待发弹 2 枚。发射架为升降式，行军时撤收放在炮塔左侧，俯仰范围为 -20° —30° 。该导弹可在 3750 米距离内击毁对方装甲。

小链接："布雷德利"多种型号

"布雷德利"步兵战车出现后，研发并没有停止，而是在原有基础上不断改进。截至目前，"布雷德利"已有多种改进型，主要有M2A1、M2A2、M2A3等型号。M2A1型装备有"陶2"反坦克导弹，并配有新型炮弹；M2A2型采用新的装甲防护，换装了大功率发动机，改善了火控系统；M2A3型采用前视红外传感器，并配装激光测距仪和车载导航设备，提高了战车识别能力和命中率。其车体为铝合金焊接结构，车前部上装甲和顶装甲用铝合金，炮塔前部为钢装甲。

14. 游击战经典神器：俄罗斯RPG火箭筒

在21世纪初，几乎所有反美武装的标准配置都是黑色头套，斜挎AK47突击步枪，还有RPG-7火箭筒。作为单兵反坦克武器，RPG系列火箭筒从从研制、服役到现在，经历了半个多世纪。而且，其非但没有"退休养老"的意思，反而有重新崛起的势头。从20世纪

RPG-7火箭筒

60 年代以后，几乎所有的局部战争中都能见到 RPG 系列火箭筒的身影。

发展简史

二战时期，美国的“巴祖卡”和德国的“铁拳”让人们真正认识到了火箭筒的威力。二战结束后，苏联对缴获的“铁拳”进行研究，并设计出苏联第一代火箭筒，名为 RPG–1。此后，苏联在原有研究成果上，又相继研制出 RPG–2 轻型反坦克火箭筒和重型反坦克火箭筒 SG–2。为研究反坦克火箭筒，苏联还专门成立了国家专业设计局。

随着西方主战坦克性能的不断提高，苏联感到 RPG–2 火箭筒已经无法满足需要，便开始研制性能更好、威力更大的火箭筒。经过精心研制，苏联终于研制出了 RPG–7 型 40 毫米火箭筒。苏联军方经过测试认为，RPG–7 火箭筒筒壁薄，质量小，威力大，射程远，后喷火焰小，结构坚固耐用，左右两肩都可射击。

1961 年左右，苏联大批量生产 RPG–7 火箭筒，并于 1966 年全部取代 RPG–2。此后，RPG–7 火箭筒成为苏联陆军步兵班的制式反坦克武器。除苏联外，还有部分华约国家、阿拉伯国家和非洲国家装备了 RPG–7 火箭筒。

RPG–7 系列

RPG–7 火箭筒是世界上第一种采用喷射抛射原理发射的火箭筒。其外形与 RPG–2 相似，但有着革命性的进步，如发射筒采用合金钢材料制成，由筒身和尾喷管两部分组成。其早期型号采用钢索式的闭锁机构，但在实战中出现问题，便改为杠杆式闭锁机。它的主瞄准具为瞄测合一的光学瞄准镜，放大率为 2.7 倍，视场 13 倍。瞄准镜的分划板上有 4 条水平线，对应射程为 100 米、200 米、300 米和 400 米。安装上微光瞄准镜和红外夜视瞄准镜，RPG–7 就具有了在星光或其他微光条件下作战的能力。即便在带光学瞄准镜的情况下，发射筒也仅重 6.9 千克，比较轻便。

RPG–7 配用的火箭弹颇值得一提。它配用的弹药主要是普通破甲弹、串联战斗部破甲弹和杀伤榴弹等多种锥形火箭弹。其引信一般是触发引信，但大部分都有定时装置，以便火箭弹脱离目标后自爆，时间较短，在 4.5 秒内，但也限制了其最大飞行距离，约为 920 米。

RPG–7 最早使用的是 PG–7B 和 PG–7BM 这两种火箭增程破甲弹。PG–7BM 火箭弹是 PG–7B 制式弹的改进型，弹径 70.5 毫米，质量稍小，破甲能力、射击精度和抗风偏能力都强于 PG–7B。此外，设计局还研制出配用的 OG–7 杀伤榴弹，以增强作战性能。其战斗部长 250 毫米，配用触发引信，杀伤半径 15 米。就理论而言，当时西方最强悍的 M60 坦克，其正面装甲无法抵挡 RPG–7 的致命一击。

苏联解体后，俄罗斯并没有停止研发 RPG–7 的步伐。到目前为止，RPG–7 先后发展衍生出 RPG–7D、RPG–7D1、RPG–7B、RPG–7BM、RPG–7V、RPG–7V1、RPG–16 和 RPG–22 等系列型号。

RPG–7 的战场表现

RPG–7 从 1961 年起成为苏联制式反坦克武器。在此后的 50 多年里，大约有 112 个国家拥有或生产了数百万具 RPG–7 及其各种改进型火箭筒。现在，RPG–7 已是世界上装备国家最多、使用时间最长、运用最广泛的火箭筒。RPG–7 之所以如此受欢迎，是因为它操作起来非常简单快捷，而且成效惊人。此外，它的价格也非常低廉，国际武器黑市上单具 RPG–7 火箭筒售价仅 200 美元，差不多是官方价格的 1/8。

战场上 RPG–7 效果惊人。第四次中东战争中，以色列损失的 850 辆坦克中有近一半是被 RPG–7 火箭筒摧毁。当然，受 RPG–7 伤害最深的无疑是美国。无论是先前的越南战争还是近几年的伊拉克战争，RPG–7 都是令美军谈之色变的致命武器。RPG-7 虽然无法击穿美军最先进的 M1A2 主战坦克的装甲，但对于 M2 步兵战车和悍马吉普车这样的轻装甲装备却有可怕的杀伤力。而且，不少反美武装喜欢将多具火箭筒集中到一起使用，以增强效果。此外，它还可用于攻击空中目标。在越南战争中，北越士兵隐蔽在树上或地面的单兵工事中以 RPG-7 攻击低飞的美军直升机，收效明显。

不过,RPG-7并非万能。在运用过程中，它通常需要靠近目标，大量发射。而且，其早期引信并不可靠。在伊拉克战争中，一辆挑战者 2 式战车被 70 余发 RPG-7 命中后仍然安全撤离。当然，总体而言，作为一款高度实用且价格低廉的单兵武器，RPG-7 仍扮演着无可替代的角色。

小链接：青出于蓝胜于蓝的 RPG-29

RPG-29 反坦克火箭筒研发于 20 世纪 80 年代后期，其口径达 105.2 毫米。它被视为 RPG-7 的继承者，对安装有反应装甲的第三代主战坦克攻击力很强。该火箭筒配用的空心装药战斗部破甲弹，在正常情况下引爆爆炸式反应装甲后，破甲厚度可达 650 毫米。目前，最新的 RPG-29 使用串联战斗部，可以在穿透反应装甲后再射穿 750 毫米的装甲。有射击试验称，RPG-29 对有乔巴母或反应装甲保护的坦克的破坏效果更明显。目前，俄罗斯正在研制 RPG-29 更好的改进型，其战斗部直径 125 毫米，且具有 3 个战斗部，前端小战斗部用于清除反应装甲或启动乔巴母装甲的剪切机制，后 2 个战斗部用于攻击主装甲。虽然最新 RPG-29 火箭弹的性能尚不清楚，但根据原有穿深比计算，其在击穿反应装甲后的破甲厚度应该在 900 毫米以上，如果再算上串联战斗部，可能达到 1000 毫米。

NO. 2 碧海幽灵：顶尖海军武器

1. 大洋新锐：法国“地平线”级驱逐舰

“地平线”级驱逐舰由法国与意大利联合研制，属于新一代中型防空舰艇。该级舰与英国研制的45型驱逐舰都是下一代共通护卫舰计划的成果，从细节到主题设计都体现了欧洲国防科技的较高水平。该级舰体具有多种隐身设计，主要武器系统为法国与意大利合作发展的基本型防空导弹系统。该级舰“福尔宾”号于2002年4月开始建造，2006年3月下水，同年底开始服役，现处于在役阶段。

法国“地平线”级驱逐舰

研发背景

提到“地平线”级驱逐舰，就不得不说到下一代共通护卫舰计划。

20世纪80年代，北约组织的8个主要国家一同开发90年代以后的通用型区域防空舰计划。因各个国家的具体情况不同，且几个带头国都想主导核心作战系统，难以协调，参与国纷纷退出，该计划最终流产。退出后的英国急需新舰取代当时已经日趋老化的42型驱逐舰，而法国也要为“戴高乐”号航母提供合适的防空舰。出于成本、技术等方面的考虑，两国于1991年共同开发“英法未来护卫舰”（其实，两国要造的都是驱逐舰）。1993年，意大利加入该计划，三国签署发展“新一代护卫舰”（CNGF）备忘录，这就是“地平线”（Horizon）计划。

计划开始后，因三国战术需求差异，对基本设计和装备的采用也有分歧，矛盾再次出现。其中最大的争执在于为PAAMS防空导弹系统的雷达选型，英国的主张与法国和意大利相左。另外在鱼雷、舰炮、电子战系统、反舰导弹等装备上，三国的构想也不尽相同。而且，英国12艘的数量需求远大于法国（4艘）和意大利（6艘），加之建造工作分摊也不均衡，计划进展缓慢，三国只得于1999年发表声明终止该计划。

不过，法国和意大利在该计划上共识较多，因此并没有放弃。2000年，两国联合组建HorizonSAS公司，专门负责开发“地平线”项目。该项目总预算30亿欧元，其中约1/3用于作战系统的开发。此后，两国政府签署了关于修改“地平线”计划的谅解备忘录，首批分别为两国海军建造2艘舰艇。计划实施过程中，法国正式将其定为驱逐舰，意大利则沿用了护卫舰的称呼（因意大利为二战中的战败国，有军备限制）。

基本性能

英、法、意三国共同参与的“地平线”计划虽然进展缓慢，并最终被迫流产，但三国都从中掌握了不少核心技术。该计划终止后，无论是英国还是法国与意大利，都较快速地研制出了性能极为相似的驱逐舰。

法国“地平线”级驱逐舰，满载排水量6970吨，舰长151.6米，宽20.3米，吃水4.8米，主机为2台LM2500燃气轮机和2台柴油机，总功率高达69300

马力。因为采用燃气轮机和柴油机联合推进，该驱逐舰的续航和远程作战能力都大大增强了。该驱逐舰最高航速可达29节，续航力达到7000海里／17节。此驱逐舰虽然近7000吨重，但因为自动化程度较高，仅需200名官兵就可运转自如。

作为新型核心技术指导研制的驱逐舰，“地平线”级驱逐舰作战性能优良，充分体现了法国海军“一舰多用，平战结合”的思想。该级驱逐舰集多种功能于一身，有较为完备的防空作战系统、反舰作战系统、反潜作战系统、自防御系统和数据处理系统，除为航母提供有效的防空火力支援外，还具有较强的反潜、反舰及对岸作战能力。

值得一提的还有，该级驱逐舰率先采用了隐身设计。现代军舰在研制上多采用“隐身”设计，通过外形和武器内置来达到减小雷达信号特征的效果。该级驱逐舰上层建筑棱角分明，烟囱交叉布置，整体比较协调，毫无臃肿之感。著名军事专家认为，该级驱逐舰为战舰中的经典之作，兼顾了各国需求，节省了研发费用，值得推荐。

小链接：颇具特色的双舰炮

“地平线”级驱逐舰在艏部配有两门“奥托梅莱拉”76毫米速射炮，而研发时间与其相近的英国45型驱逐舰“勇敢”号则为单舰炮。该炮配备隐形炮塔，射速较快，可达120发／分。双舰炮设计不仅能够对付水面和近岸目标，还能起到辅助防空的作用。在使用高爆半穿甲火箭增程弹（HE-SAPOMER）时，最大射程可达20千米。据了解，该级驱逐舰将来有可能装备欧洲MBDA导弹系统公司研发的“斯卡帕”海军型对陆攻击巡航导弹。

2. 海上巨兽：俄罗斯“基洛夫”巡洋艇

由苏联自行研制的“基洛夫”巡洋舰有好几个世界之最：二战后世界上最大的巡洋舰，世界上威力最为强大的水面战舰，世界上唯一排水量超过2万吨及使用核动力的现役巡洋舰……形体巨大的“基洛夫”巡洋舰满载排水量高达25860吨，仅次于航空母舰，其上装备导弹超过400枚，因此又被称为“武库舰”。“基洛夫”巡洋舰以巨大的吨位和强大的火力著称于世，被西方军事家划分为战列巡洋舰。该巡洋舰于1980年底正式建造完成，并于不久后开始服役，直到现在。

“基洛夫”巡洋舰

研制背景

从某种程度上来说，“基洛夫”巡洋舰是美苏争霸的产物。作为二战后的两大强国之一，苏联在经济及军事方面都要逊美国一筹。1959 年，美国在意大利和土耳其部署了中程弹道导弹雷神导弹和朱比特导弹，对苏联构成威慑。苏联不甘示弱，随后在美国南部的社会主义国家古巴秘密部署了导弹。不幸的是，该部署不久便被美国人发现，并封锁了古巴。古巴导弹危机结束后，苏联高层认为，为了展示自己的国家意志，并对其他国家施加影响，必须拥有一支可以在重要海域执行任务、具有强大威慑力、水面舰艇与潜艇兼备的强大的舰队。

其时主政苏联的赫鲁晓夫高度重视核武器的作用，大量裁减海军和陆军。古巴导弹危机结束不久，勃列日涅夫通过政变取代了赫鲁晓夫的地位，并为海军的建设大开绿灯。从此，苏联海军获得新的发展契机，而大型水面舰艇建造计划也再获新生。苏联决定建造自己的航空母舰舰队，以及战斗力强大的编队中心舰艇。

1968 年，新巡洋舰设计工作正式开始，代号“1144.1 工程”。按最初方案，舰满排水量 8000 吨，但因勃列日涅夫等高层领导更喜欢“大家伙”，方案一再修改，满载排水量最后定格为 24300 吨。1974 年，该工程正式动工；1977 年，舰体完工下水；1980 年底，该工程建造完成了 1144 型巡洋舰的首舰，并命名为“基洛夫”号。“基洛夫”巡洋舰是该工程唯一一艘舰艇。

设计特点

“基洛夫”巡洋舰外形设计紧凑，舰体前部分为导弹发射区，中后部分则布置有上层建筑。该巡洋舰上设有船舱约 1600 个，居住舱比较偏近中间，提高了居住的舒适性。其中 140 个单人或双人舱为军官和士官住舱，另有 30 个军士和水兵住舱（每间可供 6–30 人居住）。全舰共有门廊 220 个，走廊 49 条，总长度近 20 千米，其巨大的形制由此可见。另外，舰上还设有浴室、小型游泳池、图书馆、健身娱乐中心、医疗中心等，生活设施应有尽有。

值得一提的是，在该巡洋舰出现之前，苏联军舰很少考虑隐身性能，甲板上大多堆满了杂物。该巡洋舰虽然也有为数众多的天线，但基本上被集成到了中间的主桅杆上，整体外形为内倾斜构造。与之前的苏联军舰相比，“基洛夫”级的前后甲板都很光滑。

在动力系统方面，“基洛夫”巡洋舰为蒸汽轮机混合式，安装有核反应堆 2 座、蒸汽轮机 4 台。在此动力系统下，该巡洋舰可以通过平行运作的核动力装置以及蒸汽动力装置来驱动两副四叶螺旋桨。倘若核反应堆无法工作，蒸汽轮机便可独立运行，以免巡洋舰失去动力而丧失机动性。

武器装备

“基洛夫”巡洋舰配备 130 毫米 AK-130DP 多用途双管舰炮 1 门，炮弹 840 发。AK-130DP 多用途双管舰炮射程 22 千米，射速大约为 35 发 / 分钟，可用于支援防空射击和对陆攻击。该炮使用雷达控制系统，由一台火控计算机为基础连同一部多波段雷达、一套电视和光学目标瞄准器构成。此外，舰炮上还装有 Kondensor 光学瞄准器。舰炮连接到雷达控制系统后，在遥控操作界面能完全自动化，可使用瞄准器单元人工操作。

该巡洋舰的反舰导弹没有采用美国的箱式发射筒，而是率先采用了垂直发射系统，即圆环形排列导弹的方式。反舰导弹排成圆环形，甲板上仅有一个可供发射的出口，一枚导弹发射出去后，机构带动圆环旋转，从而将下一枚导弹转动至发射位置。这种导弹发射方法类似于左轮手枪的供弹机构，因此也被西方国家戏称为“左轮枪”。

“基洛夫”巡洋舰载有“花岗岩”（Granit）远程反舰导弹系统，上有 20 枚 SS-N-19 导弹。SS-N-19 是苏联第三代反舰导弹，全长 10.5 米，重量 6.98 吨，由垂直发射器发射，最大射程为 500—550 千米，最高飞行速度 1.6 马赫，可装备 500kT 当量核战斗部或 750 千克高爆战斗部，其威力可想而知。

3. 宇宙之神：俄罗斯光荣级巡洋舰

俄罗斯光荣级巡洋舰，正式名称为1164型巡洋舰，绰号 Атлант(意为“阿特兰”或“宇宙神”)，是俄罗斯海军隶下的大型传统动力攻击巡洋舰。本级舰满载排水量近12000吨，是世界上少数几种仅存的巡洋舰之一。本级舰船舷两侧并列布置P-1000火山岩（Вулкан）长程反舰导弹发射装置，发射装置每组两具，每舷侧4组，共16枚，其长程对舰投送火力仅次于“基洛夫”级巡洋舰（20枚）。本级舰共7艘，完工入役3艘，在建2艘，苏联解体后取消2艘，现有4艘。

发展简史

20世纪60年代后期，美苏对抗激烈，美国凭借其强大的经济和科技实力，大力增强水面舰艇兵。这迫使苏联改变原先片面强调发展潜艇、轻视大型水面舰艇的思路，开始建造航空母舰等大型水面舰艇。为新建航母护航，打击美国航母，并担任编队的防空和反潜任务，“基洛夫”级巡洋舰于20世纪70年代应运而生。然而，“基洛夫”级巡洋舰采用核动力，满载排水量高达24300吨，建造和维护耗资巨大，难以批量建造和使用。为弥补“基洛夫”级的缺陷，苏联开始建造经济和缩小版的“基洛夫”级，这就是光荣级巡洋舰。

第一艘“光荣”号于1976年动工，1979年下水，1982年完工。第二艘“乌斯提诺夫元帅”号及第三艘“红色乌克兰”号分别在1986年与1990年完工，第四艘“共青团员”号于 1993 年完工。1983 年初，美国新型导弹巡洋舰“提康德罗加”号服役。同年 9 月，苏联全新的导弹巡洋舰 1164 型光荣级也出现在海面上。

设计布局

该级舰长 186 米，宽 21.5 米，吃水 7.6 米。其舰体基本上从卡拉级巡洋舰延伸发展而来，比后者长约 14 米，可容纳远程对舰、对空导弹等。此外，其宽度和吃水深度也略有增加。该级舰最引人注目的是巨大的圆形远程反舰导弹发射装置，它们沿前部上层建筑两侧呈阶梯形倾斜排列，占据了甲板的大部分面积。该装置形式简单，有固定仰角，每对发射口位于前一对发射管后端之上。这样就能尽量少占甲板面积，同时也克服了发射筒间发射气浪互相影响的问题。

从舰首到舰尾，该级舰的舰面布置依次是：舰前甲板上设有 1 座双联 130 毫米主炮，用于对舰或对地作战。主炮之后为 16 具巨大的圆筒形 SS-N-12“沙箱”远程舰舰导弹发射装置，每侧各有 8 具。其上层建筑顶部平台后方为 1 座巨型锥形塔桅，上装有 2 部雷达。后桅杆之后为 2 个巨型烟囱，呈长方形，长约 10 米，宽 3 米多，高 10 余米，两侧有许多散热孔。烟囱和后部上层建筑之间，是俄海军引以为傲的 SA-N-6“雷声”舰空导弹垂直发射装置。该装置共有 8 个发射单元，对称排成 2 列，每列 4 个，每个发射单元沿圆周布置有 8 枚导弹，共备弹 64 枚。

其机库为半沉降式，起降平台较小，舰尾通常只搭载 1 架卡 -27“蜗牛”直升机。机库两侧还设有另一重要武器系统，即 2 座双联 SA-N-4“壁虎”全天候近程防空导弹发射装置，共备弹 40 枚。该系统结构紧凑，占用空间不多。机库两侧还各安装 1 座五联装 533 毫米鱼雷发射管，平时置于甲板之下。

反舰作战

光荣级巡洋舰上的反舰作战装备主要有：8 座双联 SS–N–12“沙箱”反舰导弹，用鱼雷管发射的 T3–31 或 T3CT–96 反潜反舰两用鱼雷以及 53–68 型核鱼雷，1 座双联 130 毫米舰炮等。其中，SS–N–12 主要用于打击敌航空母舰和其他大型作战舰，是该级舰最重要的对舰武器。该型导弹弹长 11.7 米，弹径 0.88 米，导弹在无中继制导时射程为 50 千米，在有中继制导时为 550 千米，飞行速度为 1.7—2.5 马赫，发射质量 4800 千克，战斗部重 500 千克，并可与核装药互换。该型导弹具有射程远、飞行速度快、抗干扰强、战斗部威力大、命中率高、毁伤能力强等特点。

除 SS–N–12 反舰导弹外，该舰携载的反潜反舰两用鱼雷也可用于反舰。其中 T3CT–96 是一种十分先进的鱼雷，重 1800 千克，战斗部装药 250 千克，动力装置为电机 + 银锌电池 + 对转桨，航速 40/45 节，作战深度 2—400 米，在攻击水面舰时，采用尾流自导方式，具有极强的抗干扰能力，命中率很高。另一型鱼雷 53–68 为核鱼雷，战斗部装药量为 2 万吨级 TNT，属战术核武器。该型鱼雷重 2000 千克，航速 45 节，制导方式为直航式，无航迹，隐蔽性好，威力大，可用于对付大型水面舰。舰上的 AK130 毫米主炮主要用于对陆攻击，但对舰作战时也是一件有效的武器。

这些重量级的导弹都集中在上层建筑两侧，导致舰艇重心升高，抗风浪能力受到极大削弱。因此，一旦遭遇 5 级海况以上，该舰就无法出海执行作战任务。这些武器排列整齐，倘若受到攻击，很可能会导致导弹自爆。

小链接：残存的 4 艘光荣级巡洋舰

苏联原来计划建造 7 艘光荣级巡洋舰，后取消 3 艘，因此现在只有 4 艘。苏联解体后，其中 1 艘为乌克兰继承，另外 3 艘则属于俄罗斯海军。

这4艘舰艇中，“乌克兰”号基本上处于废弃状态。而俄罗斯海军方面，北方舰队、黑海舰队和太平洋舰队各拥有1艘。其中，“瓦良格”号是太平洋舰队的旗舰，“莫斯科”号是黑海舰队的旗舰，目前仍占据重要地位。

4.“三朝元老”：美国“中途岛”级航空母舰

美国在二战之后大力发展航空母舰，是当之无愧的航母大国。自二战结束至今，美国一共发展了“3+3”六代航空母舰。所谓“3+3”，即先后发展了三代常规动力航空母舰和三代核动力航空母舰。常规动力航空母舰分别为第一代“中途岛”级、第二代“福莱斯特”级和第三代“小鹰”级。而核动力航空母舰则分别为第一代“企业”级、第二代“尼米兹”级和第三代“福特”级。

“中途岛”级航空母舰是二战的产物，其首舰“中途岛”号于1943年10月开始建造，并于1945年10月正式服役。“中途岛”号航空母舰满载排水量为5.9万吨，长295米，宽41.5米，大小相当于两个足球场。现在，该级航母首制舰“中途岛”号和第二艘“珊瑚海”号均已退役，但它们在二战后参与了美国

“中途岛”号航空母舰

介入的很多局部战争（如越南战争、空袭利比亚和海湾战争等），其英姿仍给人们留下深刻印象。“中途岛”号是美国海军史上服役时间最长的航空母舰之一，因此被誉为美国海军航空母舰中的“三朝元老”。

研制背景

1941 年 12 月 7 日清晨，日本海军突袭美国海军太平洋舰队在夏威夷的基地珍珠港，太平洋战争由此爆发。日军以长途奔袭的方式创造了奇迹：以 29 架飞机和 5 艘微型潜艇的代价，炸毁美国飞机 450 架，炸沉美国太平洋舰队各种舰船 40 余艘，太平洋舰队几乎全军覆没。

“珍珠港事件”促使美国加入二战，也彻底改变了美国海军的战略思想。为重建海上力量，美国计划将当时仅有的大小 7 艘航空母舰打造成海上战争的核心力量。在此期间，美国依靠其强大的经济实力和军工生产能力，以流水线的方式建造了将近 150 艘航母。“中途岛”号航母也在这个时期开始建造，不过其正式服役时二战已经结束。

技术性能

“中途岛”号航空母舰在建设中充分吸取了美日海战中的经验和教训。其排水量远超美国战时大批量生产的“埃塞克斯”级航空母舰，标准排水量超过了 5 万吨，在当时的海上是当之无愧的“巨无霸”，出尽了风头。

该级舰修正了不少“埃塞克斯”级航母上出现的问题，设有装甲甲板，舰体更大，火力更猛。它虽然设计全新，但因处于军事技术的新时期，所以仍存在不少问题，如潮湿、拥挤、过于复杂化以及抗浪性太差等。这些设计对该舰的改装和升级造成了困难。此外，在海上航行时，该舰每天需要 45.5 万升油，因此 3 天就得补充一次燃料，这也对该舰的活动范围造成了限制。

虽然该舰的设计不尽如人意，但因为美国对大型航母的迫切需求，其还是在美国海军中服役了很长时间。

现代化之路

1949 年 2 月，“中途岛”号在西西里以东海域航行时遭遇风浪，因负载过重而难以浮起。大浪绕顶而过，该舰只得以舰艏直接冲破大浪。跟不上时代进步的设计，常使该舰舰艏部分入水过多，航行时也难以保持稳定。

1954 年 8 月，为解决发现的问题，该舰退役，并开始代号 SCB-110 的现代化改建，增设斜角飞行甲板、封闭舰艏及 3 座 C-11 蒸汽弹射器。此外，还对舰上多项设施进行了改进。增设斜角飞行甲板后，飞机能够同时起飞和降落，极大提高了航母的作战能力。1957 年 9 月，“中途岛”号完成改建，并重返现役。这次改建虽然使该舰设备更为先进，但舰体负重问题始终没得到解决，反而更加恶化。

1966 年 2 月，“中途岛”号再次退役，进行第二次现代化改建，其内容包括扩建飞行甲板、增大斜角飞行甲板的倾角、更换并重置飞机升降台及更新舰上的弹射器和降落设备，以供起降新式飞机。不过，由于海军船坞空间不足等原因，改建不断延期，费用也因此大幅膨胀。4 年后，改建终于完成，“中途岛”号于 1970 年 1 月重新服役。

小链接：中途岛海战

继珊瑚海海战之后，日本将中途岛定为下一个攻击目标，企图将美国太平洋舰队的军舰引到中途岛，从而一举歼灭。1942 年 6 月 4 日，日本出动 4 艘航母、各类舰船 7 艘、飞机 264 架，对美军发起了两次攻击。美军在战争开始之前即破译了日军密码，得以掌握大部分讯息，从容应对，最终击退了日本的进攻。该次战役中，日本航母被全部炸沉，332架军机（包括备用机）被毁，3500人阵亡。这次战役使美军得到了太平洋战区的主动权，成为太平洋战争的转折点。

5.“福莱斯特”加强版：美国“小鹰”级航空母舰

“小鹰”号航空母舰

作为美国最后一个传统动力航空母舰系列，“小鹰”级航空母舰是“福莱斯特”级航空母舰的大幅强化版本。该级航母建造时，正赶上军工技术革新时代，因此与美国第一代核动力航母（“企业”号）发生交叉。该级航母有4艘，分别为“小鹰”号、“星座”号、“美国”号和“肯尼迪”号。其中，“美国”号和“肯尼迪”号是第一代核动力航母“企业”号建成后才建造的。

“小鹰”号航母于1956年开始建造，1960年下水，1961年服役，2009年退役。其标准排水量为6万多吨，满舰排水量为8万多吨，吃水10.8米，航速为30节，舰载机80架，载员5480人。

研发背景及历程

建造于 20 世纪 50 年代的“福莱斯特”级航空母舰被称为“超级航空母舰”，但服役后一些设计方面的缺陷逐渐暴露出来。为了改进，美国在 50 年代中期建造第 5 艘“福莱斯特”级航母时，对其进行了大幅度改造，并连续建造了 4 艘。这 4 艘改进的航母被称为“小鹰”级。

稍微了解航母发展史的读者可能会好奇，“小鹰”级航母建造时，核动力技术已经出现，为什么继续采用常规动力呢？确实如此，美国海军在 20 世纪 60 年代初期就完成了世界上第一艘核动力航母“企业”号的建造，但因为造价高昂，只得继续建造“福莱斯特”级航母的升级版，即“小鹰”级。据估算，“小鹰”级航母的造价相当于“企业”号的一半多一点。

应该说，“小鹰”级航母对“福莱斯特”级航母的改进比较成功。“小鹰”级航母总体设计上沿袭了“福莱斯特”航母，其舰型特点、尺寸、排水量、动力装置等都与“福莱斯特”级大体相同，但在上层建筑、防空武器、电子设备、舰载机配备等方面，“小鹰”级航母都做了较大改进。作为“福莱斯特”级航母的升级版，“小鹰”级拥有 4 条 MK-7 拦截索、4C-13 蒸汽弹射器，吨位和飞行甲板面积都有所增加。此外，飞行甲板的布局也有所改良。“小鹰”级航母升降机与弹射器在数目上与“福莱斯特”级相同，但对安装位置进行了改进，使飞机从机库运上甲板并抵达前方弹射器的时间大大缩短，从而提高了作战效率。此外，“小鹰”级还对升降机造型做了改进，以便停放较长的飞机。上述改进十分成功，以至于同时期及后续美国航母，如“企业”号、“尼米兹”级航母也沿用了这些设计。

性能优良

作为美国海军最后、最大的一级常规动力航母，“小鹰”级航母总体性能虽不及核动力航母，但也不失为美国航母中的骨干，否则也不可能服役如此之久。

“小鹰”级对“福莱斯特”级的整体结构进行了优化。其上层建筑较小，且位置更靠近踞部，致使动力装置后移，轴系缩短，视库面积增大。“小鹰”级航母共有 4 台升降机，相对于“福莱斯特”级而言，布局特别合理。燃油和弹药储备方面，“小鹰”级航母可贮备 7800 吨舰用燃油、6000 吨航空燃油和 1800 吨航空武器弹药，可持续作战一星期。

作为现代化的军舰，“小鹰”级航母生活设施也很完备。以“小鹰”号为例，其上设有医院 1 座（内有手术室 6 个，住院病床 65 张），百货商店 4 个，邮局 1 个，理发师 2 个，洗衣房 1 个，此外还装有 2400 部电话和互联网终端，可收看有线电视节目。

值得一提的还有其日渐完善的装备和电子设施。该级航母上装有小猎犬舰空导弹，配有各种雷达发射机约 80 部，接收机 150 部，雷达天线近 70 部，还有上百部无线电台。此外，该级航母发电能力极强，总发电总量为 2 万千瓦，可供整个纽约市照明。

小链接：“小鹰”号航母

其实，“小鹰”号是“小鹰”与“星座”两艘航母的结合体。这两艘航母由纽约海军造船厂同期制造，但在 1960 年年底，“小鹰”号船体接近完工的时候，一场大火将船体烧坏。为使“小鹰”号航母能按期下水服役，美国海军便移花接木，调换了“小鹰”号与“星座”号的船体。1961 年 4 月，“小鹰”号正式服役。

6. 反潜作战：英国“伊丽莎白女王”号航空母舰

2014 年 7 月 4 日，英国“伊丽莎白女王”号航母在苏格兰法夫罗塞斯船厂举行命名下水仪式，英国女王伊丽莎白二世出席。“伊丽莎白女王”号航母排水量 6.5 万吨，是英国海军史上两艘最大舰艇（另一艘为“伊丽莎白女王”级航母中的第二舰“威尔士亲王”号）中的首舰，将于 2017 年服役。

研发背景

“伊丽莎白女王”号航母

作为老牌的海上军事强国，英国是世界上第一个研发航母的国家。最早的水上飞机航母、最早改装的航母、最早建造的航母，都与英国有关。二战结束时，英国拥有各类航母 52 艘，英国皇家海军在规模上仅次于美国海军，位居世界第二。然而，随着二战后国力的衰退和国防预算的大幅削减，英国海军竟到了要靠出售或拆毁航母来维持生存的地步。20 世纪 70 年代，英国 5 万吨级的航母“皇家方舟”号退役，英国拥有大型航母的历史到此告一段落。

1982 年，英国和阿根廷为争夺马岛主权而爆发马岛战争。其时，英国只有两艘轻型航母，即“竞技神”号和“无敌”号，只可承载20架“海鹞”式垂直起降作战飞机、37艘战舰、58架各类直升机以及3500名海军陆战队员。这两艘轻型航母的目的地是距英国1.38万千米之外的马岛。显然，这两艘满载排水量还不到2万吨的轻型航母并不适合作为远洋舰队和远洋海军旗舰的主力。

马岛海战的核心是制空权，距离马岛遥远的英国只能靠航母的舰载机来争夺制空权。但这两艘轻型航母排水量有限，只能携带20架“海鹞”式垂直起降机来应对装备一新、实力强大的阿根廷空军。整个战争期间，英军特混舰队的主力——两艘轻型航母始终不敢靠近马岛，而靠驱逐舰和护卫舰来对马岛进行封锁。最后，英军付出沉重代价（阵亡255人，伤777人，被俘210人，舰船被击沉6艘，受伤18艘，损失飞机37架）后重新控制了马岛。

马岛海战让英国认识到，没有大型航母，就很难在现代海战中赢得胜利。20世纪90年代，国力逐渐恢复的英国开始将未来航母的发展提上日程，即建造排水6万吨级的“伊丽莎白女王”号大型航母，且要搭载从美国进口的F-35常规起降作战机。然而，因为经费问题，该计划一拖再拖。直到2008年，英国海军才获得充足经费，预备在未来10年内打造两艘可供40多架战机起降的超级航母。这两艘航母满载排水量为6.5万吨，与美国现役“尼米兹”级核动力航母非常接近。

灵活设计

因为“伊丽莎白女王”号航母尚未服役，且未完工，因此具体设计细节尚未可知，以下简述仅供参考。

“伊丽莎白女王”号航母是英国史上最大的战舰，仅次于美国航母。英国在建造中充分发挥老牌航母大国的优势，进行了全新设计。“双舰岛”设计是它的最大特点。在该设计思路下，两个位于右舷的独立舰岛各司其职，一个专门操控航行，另一个则以控制舰载机的起降为主，从而避免了互相干扰。

伊丽莎白女王二世

同时，将一个大的独立的舰导拆成两个相对小的舰岛，能够减小雷达反射面积，利于航母隐身，从而提高生存能力。

为节约经费，该航母的甲板采用滑越式设计。不过，超大的甲板面积和大型机库都为未来的改进计划提供了较大的选择空间。现在，随着资金逐步到位，该航母将取消滑越平台，加装弹射器，以便于常规型号的F-35舰载机、大型预警机和无人机起飞。完成“常规化变身”后，该航母将成为欧洲最强大的航母。同时，F-35和预警机搭配使用，将使其远洋作战和制空能力都远胜于法国“戴高乐”号航母。

小链接：英国航母命名特点

作为一个老牌的海军强国，英国在航母命名上有自己独特的风格。英国海军舰艇一般被称为某某号，其实每艘舰艇前面都有“HMS”的前缀，即His/Her Majesty's Ship的缩写，意为大不列颠女王陛下的船舰。以英国现役唯一一艘航母“卓越”号为例，其全称是“大不列颠女王陛下的船舰卓越”号。而正在建设中尚未服役的“伊丽莎白女王”号，则直接以在位女王伊丽莎白二世命名，这是因为英国为君主立宪制国家，女王是名义上的国家元首，身份非常尊贵。

7. 碧海之梦：中国“辽宁”号航空母舰

“辽宁”号航空母舰，简称“辽宁舰”，舷号16，是中国第一艘可以搭载固定翼飞机的航空母舰。其前身为苏联海军所有的“瓦良格”号，建造尚未完成便碰上苏联解体，只得中断。1999年，中国购买了“瓦良格”号。2005年，中国海军开始继续建造改进“瓦格良”号。2012年9月25日，“瓦良格”号正式更名为“辽宁”号，并交付中国人民解放军海军。

曲折的发展史

苏联特别重视常规武装力量建设，而其航母舰载机数量有限，且无法与美国匹敌，因此增强航母自身的攻击能力尤为重要。苏联海军将航母作为一种辅助力量，并将其载机能力与巡洋舰的攻击能力集成在一起，既增强了航母自身的攻击和防卫能力，又缩小了航母编队规模。在此思想指导下，苏联虽没有西方那样先进的航母，却足够与之匹敌。

首次试海的辽宁舰

1982年，苏联做出了按1143.5设计方案建造第三代载机巡洋舰的决定。继第一艘航母“定单105”（即库兹涅佐夫号载机巡洋舰）开工后，苏联军方决定于 1983 年建造第二艘航母“定单 106”。按最初设计，两艘同级载机巡洋舰满载排水量为 6.7 万吨，全长 306 米，比美国“尼米兹”号航空母舰短 22 米。其舰艏飞行甲板高度距离水面有七层楼高，舰艉飞行甲板宽度 73 米。该级航母最多可容纳大约 60 架战机，飞行甲板前部有 12 具 SS-N-19 反舰导弹发射器。苏联海军研制该级航母的目的在于确保苏联弹道导弹核潜艇的安全和战斗效能的发挥，消灭敌方海上和基地的海军兵力。1985 年底，“定单 106”在造船台安家落户。1988 年，“定单 106”船体建造成功，并下水。1990 年，“定单 106”被命名为“瓦良格”(Varyag)号，以纪念在日俄战争中沉没的“瓦良格”号巡洋舰。到苏联解体时，“瓦良格”号建造率达 68%。

苏联解体后，“瓦良格”号为乌克兰继承，但因其经济状况不佳而停工。1998 年，中国创律集团通过竞标，以 2000 万美元的价格买下“瓦良格”号，声称要将其改造成一个大型海上综合旅游设施。1999 年，创律集团雇用一艘拖船，拖着“瓦良格”号开始了漫长的航程。“瓦良格”号航行到土耳其北部的黑海水域，通过土耳其控制的博斯普鲁斯海峡时，遭到土耳其政府的阻拦，强令其退回黑海。此后，“瓦良格”号在黑海上飘荡了很长一段时间。

此后，中国与土耳其交涉，并一直持续到 2001 年下旬。中国强调，将完全负担“瓦良格”号通过海峡的安全保险费用以及万一造成损失的赔偿问题，并从中国派遣几艘大马力拖船来协助拖行“瓦良格”号，保障通过海峡的航行安全。此外，中国还开出了向土耳其输出武器技术等条件，并给予一些经济方面的优惠，如向土耳其提供 3.6 亿美元经济援助、对土耳其开放观光旅游。在巨大的利益面前，土耳其政府最终松口，决定放行。2002 年，历经曲折的“瓦良格”号终于抵达大连。

主要性能及武装

在动力方面，原“瓦良格”号采用了 4 台 TB-12 蒸汽轮机，功率为 4.5

万马力。中国通过努力，从自身的TB-8研发出TB-12级别的军用蒸汽轮机。因此，辽宁舰的动力配置可能仍类似于原“瓦良格”号，即4台蒸汽轮机、8台增压锅炉、4轴推进，总功率为20万马力。“瓦良格”号在设计建造时定位为常规动力航母，在燃料补给及优化结构等方面都不及核动力航母。

辽宁舰飞行甲板以下有十余层。其第三层比较复杂，到处都是通道、舱室。整个航母内部的通道加起来总长度有数十千米，走起来像迷宫一样。因此，舰员们面临的第一阶段考核就是不迷路。该航母体积大、功能全、部署周期长，有“海上城市”之称。舰上的生活设施比较齐全，邮局、超市、健身房、洗衣房一应俱全。

辽宁舰前身装有12枚P-700“花岗岩”长程反舰导弹发射系统和诸多武装，在改建过程中拆除了反舰导弹发射装置。辽宁舰舰尾两侧各配置1座1130近防炮、1座18联装红旗-10防空导弹发射装置、1座24管干扰弹发射装置、1座12管反潜火箭发射装置。舰首右侧配有1座近防炮，左侧配有1座18联装红旗-10防空导弹发射装置。

小链接：航母Style

2012年11月24日，中国首艘航母辽宁舰成功完成舰载机起降训练。其舰载机歼-15起飞时，有两名身穿背部印有“起飞”字样黄色马甲的起飞助理同时指挥。媒体对其进行报道后，网友迅速围观并纷纷模仿，这个姿势被称为“航母style”。2014年1月，辽宁舰于2013年12月在南海巡航的原始画面曝光。人们可从中看到甲板、驾驶室，以及直升机和歼击机的起降过程。值得注意的是，“航母style”换了新姿势，新版“航母style”中，指挥员右膝跪地，左手高举，喜感一如当初。

8. 独树一帜：法国“戴高乐”号航空母舰

“戴高乐”号航空母舰，命名源于法国著名的政治家和军事家戴高乐，是法国第一艘核动力航母，也是法国海军现役的唯一一艘航母。法国因之成为核动力航母上唯一能与美国媲美的国家。“戴高乐”号航母绝大多数关键性武器都现实了自主研发生产，不少方面可以在美俄等军事强国之外独树一帜。

别具特色的航母之路

很多军事爱好者在提到法国航母之时，大多会用“独树一帜”这个词语来形容。自二战结束至今，法国的航母研发之路始终独立自主。

“戴高乐”号航母

20世纪初，法国是欧洲海军大国之一，实力仅次于英国。在英美争相研发航母的时候，法国也不甘落后，因此法国的航母研发史其实很早。二战开始不久，在德国“闪电战”的迅猛攻击下，法国大部分国土沦陷。为充实自身实力，法国在二战结束不久后就重建海军，并将目光瞄准了航母。因时间紧张，法国先后从英国和美国购买，一下子就拥有了5艘航母。但这些航母在性能和设计上都有不同程度的问题，已跟不上军事技术革新的步伐。于是，法国开始考虑独立自主研发航母。

从需求而言，航母当然是越大越好，技术越先进越好，但这必须要以强大的国力作为后盾。作为第二梯队的强国，法国显然没有美国那样的手腕和实力，因此没有走发展大型航母之路，而是根据自身实际定位 3 万吨级的中型航母。在这一思路下，“克里蒙梭”级航母横空出世。值得一提的是，该级航母采用了弹射起飞这种常规作战飞机的发展道路。事实证明，这完全符合现代航母的发展方向。

定位中型航母之后，动力问题也让法国头疼。当时，美国第一代核动力航母“企业”号已经下水服役。核动力航母的优势显而易见，但其技术和巨额经费都让不少国家望而却步。但几经权衡后，法国还是决定走核动力航母之路。

“戴高乐”号航母就是这种独具特色的航母之路的结晶。

技术性能

“戴高乐”号飞行甲板全长 264 米，宽 64.36 米，面积共 1.2 万平方米。其机库长 138.5 米，宽 29.4 米，高 6.1 米，面积 4600 平方米，可同时容纳 20—25 架固定翼飞机停放、维修。此外，机库四周还设有维修工厂与飞机零件库。舰身左舷跑道长 195 米，与舰身轴心夹角 8.5 度，上面装有两具美制 C-13 蒸汽弹射器，以轮流运作的方式让舰载机弹射升空。该设计使得“戴高乐”号航母飞行甲板每 30 秒就能让一架飞机起飞，并在 12 分钟内让 20 架飞机降落。

在舰体设计上，“戴高乐”号十分强调防护能力，全舰从飞行甲板至舰底形成一个完整的箱型堡垒式构造，从舰底到舰桥顶部共有 15 层甲板。水线下的舰体采用双层或多层船壳设计，并对舰底强度进行强化。注重防护的“戴高乐”号拥有完全符合北约标准的核生化防护能力。其上绝大部分舱室都采用气密式结构，使用加压系统即可使舱压高于外界压力，从而避免核爆尘或生化武器入侵。

在核动力方面，“戴高乐”号采用与法国新一代凯旋级弹道导弹核潜艇相同的核反应堆，每添加一次核燃料，就能在海上运作7年半左右。不过，这也让“戴高乐”号航母出现动力不足的问题。其总输出仅7.62万轴马力，还不如“克里蒙梭”级航母（12.6万轴马力）。此外，“戴高乐”号的最大航速仅25节，创下了二战后新造传统起降航母的最低速纪录。不过，其上的美制C-13弹射器性能强劲，足以让22吨的飞机弹射升空，能稍微弥补航速太慢的缺憾。

武器装备

“戴高乐”号航母在武装方面与西方传统起降航母相同，只配备短程防空自卫武器。其最主要的装备是由ARABEL相控阵雷达，以及垂直发射Aster-15短程防空导弹组成的SAAM/F防空系统。其上共有四组八联装SylverA-43发射模块，装填32枚Aster-15导弹，“戴高乐”号也因此成为西方国家第一艘拥有相控阵雷达与垂直发射防空导弹的航母。

此外，“戴高乐”号航母还装备有两具六联装Sadral短程防空导弹发射器以及8门Giat20F220mm机炮。

不得不说的还有其主力战斗机种——“阵风”战斗机。“阵风”战斗机由法国达索公司制造，拥有先进的航电、动力、飞控以及优秀的气动力布局，是目前欧洲国家中水平最高的三代半战斗机。“阵风”战斗机有外挂点14个，最大载弹量高达9吨以上，可携带各式先进的空对空和空对地攻击武器，与欧洲战斗机“台风”和瑞典JAS-39“雄狮”并称为欧洲三雄。

小链接：戴高乐

戴高乐（1890—1970年），法国著名军事家、政治家，法兰西第五共和国的缔造者。二战时，法国大部分国土沦陷后，戴高乐流亡到英国，并组成流亡政府，领导“自由法国”运动。二战胜利后，戴高乐成立法兰西第五共和国，并担任第一任总统。法国在二战中实力大减，但戴高乐不唯美英马首是瞻，而是主张走独立自主之路。他先后两次担任法国领导人，任期内支持发展核武器，承认中华人民共和国，减少美英影响，并促使法国退出北约。2005 年，在法国国家二台举行的“法国十大伟人榜”评选活动中，戴高乐被电视观众评选为法国历史上最伟大的人。

9. 反恐先驱者：美国“斯巴达人侦察兵”无人艇

所谓无人艇，顾名思义，就是无人操作的舰艇。无人艇主要分为无人水面舰艇和无人潜航器两种。无人艇主要用于执行危险以及不适于有人船只执行的任务。以色列是世界上最先发展现代无人艇的国家，但美国凭借其雄厚实力有后来居上之势。

2004 年，美国海军水下作战中心宣称其研制的第一艘“斯巴达人侦察兵”无人艇正随“企业”号航母打击大队一起，在阿拉伯湾地区执行“持久自由行动”和“伊拉克自由行动”反恐任务。该消息使“斯巴达人侦察兵”无人艇逐渐为人所知。

世界顶尖的技术

“斯巴达人侦察兵”研制计划于 2002 年 5 月启动。它由美国太平洋司令部发起设计，动用了美国海军、陆军和新加坡皇家海军及雷声公司、诺思洛普—格鲁曼公司等军事部门和企业联合的科研力量，因此拥有多项世界顶尖技术。

作为先进的无人艇，“斯巴达人侦察兵”由标准组件构成，可以重新配置，功能多样，速度较快。美国海军以现有商业准军用7米和11米长的刚性平底充气艇作为“斯巴达人侦察兵”的“基座”，加装多种“即插即用”型任务模块。这不但提高了与现有设备的通用程度，加快了研发进度，而且降低了成本。按设计，该无人艇的航速（3级海情下）为28节（最大50节），续航力8小时（最大48小时），航程150海里（最大1000海里）。该无人艇承载量为1350—2300千克，既能遥控操作也可自主活动，还可在夜间行动。

该无人艇上装有无人驾驶系统，采用模式结构设计，成本较低，外形可以改变，速度快，属于半自动无人驾驶水面舰艇。其上安装有一套用来对付诸如小型船只之类不均衡威胁的远征传感器和武器系统，可执行多种任务，能从水面舰船或岸上发射。

作战方式灵活

“斯巴达人侦察兵”体型不大，可以从大型水面军舰或者岸上设施直接放到海面参加战斗，也可以通过空投的方式下放到作战区域。该无人艇主要用于水面监视和部队保护，可执行精确打击、MIW、ASW、港口安全监视等多项重要任务，并监视海上检查点过往舰船。此外，还可以为两栖作战及海上补给提供足够水域，减少或消除己方人员或物资不必要的风险等。

因为可以灵活使用ISR、MIW、部队保护和其他“即插即用”模块，“斯巴达人侦察兵”具有战场优势明显、所受威胁较小、网络中心战能力强等优点。

拥有多项世界顶尖技术的“斯巴达人侦察兵”不但拥有高强度耐力，可在半径150海里的水域内连续执行8个小时的TBD任务，还能在气候恶劣的条件下执行全天候作战任务。它能在最短的时间内迅速转换作战方式，执行另外一项任务。

小链接：无人艇或导致外交纠纷

无人舰艇的好处显而易见——让单一平台的功能更趋多元化，从而节省人力和运营成本。越来越多的国家将目光瞄向这个充满未来的领域。像无人机一样，无人舰艇进入舰队编制后，指挥官的战场视野将显著提升。同载人系统相比，无人舰艇更小、更灵活，生存能力也更强。而且，其建设和操作费用也较低。此外，使用无人艇可以降低军事行动的敏感性。不过，一旦无人艇在外国港口或南海一类热点领域被捕获，可能会引起外交纠纷。

10. 地中海守卫者：法国“红宝石”级攻击核潜艇

法国发展核潜艇的时间相对较晚，且发展策略与众不同。二战后的法国坚持独立的国防政策，急需核威慑力，因此首先发展战略核潜艇。直到 1976 年，法国才开始建造自己的第一级攻击型核潜艇，也是世界上最小的一级核潜艇——红宝石级。该级核潜艇共有 6 艘，其中后 2 艘为改进型。其中，最后一艘 S606“珍珠”号于 1993 年 7 月 7 日服役。

研发背景

二战结束后不久，法国即尝试建造核动力攻击潜艇，并于 1956 年正式动工。然而，不久之后，法国与美国发生政治冲突。受此影响，美国拒绝供给核子反应所需的浓缩铀，法国被迫自行研发使用天然铀的重水核反应炉，但这种核子反应炉对计划中的潜艇而言太重，且过于庞大，因此计划被迫中止。

法国“红宝石”级攻击核潜艇

此后，法国全力投入核力弹道导弹潜艇“果敢”级的研发，并成功获得不少重要的技术和经验。法国因此具备了制造极为紧致的核子反应炉的能力，主机发电系统等的体积也大为缩小。在技术的左右下，“红宝石”级潜艇成为世界上最小的核子动力潜艇。

总体性能

“红宝石”级核潜艇全长 72 米，宽 7.6 米，水上航行时吃水 6.4 米，水上排水量 2385 吨，水下排水量 2670 吨，规模相当于常规潜艇，因此被称为“袖珍核潜艇”。其动力装置为 CAS48 型一体化反应堆，功率为 48 兆瓦，堆芯寿命 25 年。其最大下潜深度 300 米，改进型增加到 350 米，水下最高航速 25 节，自持力 45 天，改进型为 70 天。

该级核潜艇虽然小，但也有其优势。一般来说，大型核潜艇在浅水区会遭遇尴尬，显得“英雄无用武之地”，而排水量小的潜艇则可以大显身手。法国位于地中海沿岸，其海军的主要活动范围为地中海。在此区域，“红宝石”级核潜艇正好大显神通。

“红宝石”级核潜艇反应堆尺寸较小，采用了“积木式”一体化设计的原理，即反应堆的压力壳、蒸汽发生器和主泵联结成一个整体，其所有部件都是一个完整的结合体。这种设计使得反应堆具有系统简单、结构紧凑、重量轻、体积小、便于安装调试以及可提高轴功率等优点。此外，这种设计还有助于采用自然循环冷却方式，从而降低潜艇的辐射噪声。

主要装备

该级核潜艇在艇首装有4具533mm鱼雷发射管，能够发射导弹和鱼雷。其中，发射的鱼雷主要为L-5 Ⅲ型和F-17 Ⅱ型。L-5 Ⅲ为两用鱼雷，主/被动寻的，35节时射程9.5千米，战斗部重150千克，航深550米。F-17 Ⅱ为线导，主/被动寻的，40节时射程20千米，战斗部重250千克，航深600米。

说到该级核潜艇的装备，就不得不说大名鼎鼎的“飞鱼”，即SM-39“飞鱼”潜射反舰导弹，0.9马赫时射程50千米，战斗部重165千克。因为动力较小，该级核潜艇只可携带鱼雷和导弹18枚，但在一般情况下已经足够。此外，在执行布雷任务时，该级核潜艇可携带各型水雷。

小链接：“红宝石”级核潜艇的代替者——“梭鱼”级核动力攻击潜艇

为满足法国海军的行动需求，法国国防部于2006年12月宣布订购首批6艘“梭鱼”级核动力攻击潜艇，以期取代动力较小的“红宝石”级核潜艇。据介绍，“梭鱼”级核潜艇排水量为5300吨，为“红宝石”级核潜艇的2倍，在尺寸上与英国“特拉法尔加”级攻击型核潜艇一样，但比美国的7300吨“弗吉尼亚”级核潜艇仍小得多。不过，其4个鱼雷发射管可以发射总共20枚重型武器，必要时还可以在尾部携带一个吊舱以及12名突击队员。

11. 史上最先进的驱逐舰：美国“朱姆沃尔特”隐身驱逐舰

“朱姆沃尔特”无论从舰体设计、电机动力、网络通信还是武器系统、侦测导航、指管通情等方面，都居于世界顶尖水平，是美国海军先进科技、雄厚财力和超前设计创造力的综合体现，也是美国海军新一代多用途对地打击宙斯盾舰。2013 年 10 月 28 日，首舰“朱姆沃尔特”号于马里兰州巴斯钢铁造船厂下水，并于 2015 年 12 月 7 日开始海试。

“朱姆沃尔特”隐身驱逐舰

研制背景

随着冷战的结束，苏联对美国大洋制海权的威胁大大降低，但是地区性冲突仍旧存在，而且与日俱增。而中国海军虽然是美国的新威胁，但仍处于建设当中，没有与美国海军全面抗衡的能力。于是，美国海军的战略方针也做出了相应的调整，从冷战时盛极一时的大洋海战逐渐演变为向陆地投送武力。

1992年9月，美国海军颁布“由海向陆”的战略白皮书，大大改变了冷战时期主要在大洋上反潜和争夺制海权的策略。1994年9月，美国海军进一步提出“前沿—由海向陆”的战略方针，第一次将近岸作战和支援对地攻击作为海军的重要任务之一。美国海军向陆上投送武力除了利用海军陆战队和航空母舰外，主要依靠“不死老兵”——依阿华级战列舰。但是随着这批巨炮军舰在20世纪90年代退役，美国海军开始规划制造新型的水面舰艇来向陆地投送武力。

核心技术

对于科技、经济实力都称霸全球的美国新一代主力水面舰，美国除了采用螺旋推进的开发策略外，还将设计开发该舰的主要技术难关列为制造中的十大关键技术。这十大关键技术包括：穿浪逆船舷舰体、MK-57垂直发射系统、整合复合材料舰岛与孔径、红外线模型、整合式电力推进、双波段雷达、整合水下作战系统、先进舰炮系统、舰上共通运算环境和自动火灾抑制系统。

作战系统

该舰艇采用分散式高整合度舰载战斗系统，名为整合式防卫系统，并以其为核心结合整合式宽频主被动声纳、主动相控阵雷达与电子战系统。过去的作战系统通常将不同的感测器与不同的武器所需要的输入或输出系统进行分别配置，而整合式防卫系统则将整合控制舰艇上所有的装备，就像人体的大脑可以灵活机动地控制四肢一样。这一设计理念与第五代战斗机的战斗系统类似。

小链接：“朱姆沃尔特”号的主要武装

该舰艇以对地发动攻击为主要任务，以雷神和联合防卫公司共同研发的周边垂直发射系统和联合防卫的155mm先进舰炮系统作为主要的武器系统，以便可以实行对地纵深打击等任务。此外本舰艇还装备战斧巡航导弹、对地型标准导弹、战术型战斧巡航导弹及先进对地导弹等对地攻击导弹，可以满足不同等级的射程范围和不同的需求。

NO. 3 云端魅影：顶尖空军武器

1. 空中魅影：美国 B–2 隐形轰炸机

B–2 轰炸机全称诺斯罗普·格鲁门 B–2 隐形战略轰炸机，有“幽灵”之称，由波音公司和诺斯罗普联合麻省理工学院共同研制。B–2 是现今世界上唯一一种隐身战略轰炸机，所谓隐身能力即低可侦测性，它能够安全地穿过严密的防空系统并进行攻击。即使在不加油的情况下，B–2 的作战航程也达到 1.2 万千米，如果空中加油一次则作战航程可达 1.8 万千米。此外，每次执行空中任务的飞行时间可达 10 小时，这就是 B–2 一直让美国空军引以为傲的“全球到达”和“全球摧毁”能力。

研制背景

20 世纪 70 年代正值美苏冷战，苏联研发了 S–200、S–300 等中远程防空导弹和米格 –25/31 高空超音速拦截战斗机等先进设备，对美国构成威慑。为了突破苏联的防控网，美国空军制订了研制新型战略轰炸机的战略计划。这款轰炸机需要有超强的突防能力，能避开对空雷达探测，以便潜入敌方纵深。这就是美国空军拟定的“军刀穿透者”计划，正式将隐身技术运用到军事实践提上议程。

1980 年 9 月，美国空军正式颁布了名为 ATB 的方案征集书，因为 B–2 的设计项目在技术和成本方面都面临着严峻的挑战，所以美国空军鼓励航空航天企业之间能够精诚合作。当时竞争 ATB 项目的有两大阵营——诺斯罗普、波音和凌—特姆科—沃特（LTV）团队，洛克希德和罗克韦尔团队。前者提出的方案代号为“高级钉”，后者的方案代号为“高级钻石”。虽然“高级钻石”对外披露的资料并不多，但因为洛尔希德早前在隐身技术上已经有卓越成就，而与之合作的罗克韦尔也有B–1项目的经验，所以这一团队的呼声很高，人们普遍认为他们会最终赢得竞争。然而，美军于1981年10月20日正式宣布ATB合同的赢家是诺斯罗普。

这次合作一共签订了2架静态测试机和6架试飞用机的初始合同，再加上生产127架生产型轰炸机的意向订单。这一团队中诺斯普罗负责设计和制造前中央机身、座舱、控制翼面和飞机前后缘，还有飞机最后的总装等；波音负责制造后中央机身和单舱、外翼段、起落架；LTV制造机翼中段、发动机舱和尾喷口。

武装筹载

素有“幽灵”之称的B–2不仅能够避开雷达侦测，还能降低可见光、噪音和红外线灯不同讯号，其武装筹载能力也属于轰炸机中的“战斗机”。B–2的两个旋转弹架可以携带80枚MK82型或MK84型普通炸弹，或36枚CBU–87型集束炸弹，也可携带16枚AGM–129型巡航导弹，而且该巡航导弹上还可以装载导弹头。2002年2月，B–2新增了联合防区外空对地导弹JASSM的能力，机身下方发动机之间的位置并排布置了2个大型单舱，每个单舱可以装载908千克级的弹药8枚或者常规弹药。

伊拉克战场中的B–2

B–2于2003年3月被投入伊拉克战场。3月28日晚，一架B–2向巴格达市投放了两枚EGBU–28新型制导炸弹，炸毁了底格里斯河边的一座通塔，这也是伊拉克战争中美军对伊投放的最大的炸弹。该炸弹较之以往的JDAM

炸弹更为先进，既能高效率地摧毁大型坚固目标，又能尽量减少附带杀伤，以避免不必要的伤亡。B-2 在伊拉克作战期间不加油的空中航程可达 11119 千米，因此其中有两架飞机的起飞机场转移到位于印度洋上的迪亚戈·加西亚美国空军基地。B-2 从该基地起飞可以直接飞抵伊拉克执行轰炸任务，而不需要空中加油。

B-2

小链接：“堪萨斯幽灵”号的空中“小插曲”

2008 年 2 月 23 日，一架名为“堪萨斯幽灵”号、编号为 89-0127 的 B-2 从美军关岛安德森空军基地起飞，但是很快坠毁。万幸的是，飞机上的两名飞行员成功获救。美国空军对这架失事飞机进行了调查，结果显示 B-2 起飞前，24 个传感器中的 3 个被水损坏，因此大气咨询的测评结果出错，导致电脑在计算飞机起飞时需要的上升角度和飞行速度时都出了错。尽管当时飞机上的两名飞行员已经尝试修改错误的资讯，但没有成功，最后飞机俯冲向地面，爆炸起火。

2. 世界第二大运输机：安 -124“鲁斯兰”运输机

安 -124，绰号“鲁斯兰”，是当今世界第二大运输机。安 -124 由苏联安东诺夫设计集团设计，在 20 世纪 80 年代是世界上最大的飞机，性能上优于美国的 C-5 运输机。苏联解体后，该运输机由俄罗斯乌里扬诺夫斯克航星 SP 厂和乌克兰基辅飞机厂继续生产。到 1995 年为止，共生产了 56 架。

发展简史

苏联是重型运输机的生产大国，其在 20 世纪 60 年代研发生产的安 -22 是人类历史上最大的螺旋桨飞机，载重量可达 80 吨，比现在欧洲最先进的 A400M 还大了整整一倍。安 -22 参与了入侵捷克斯洛伐克和阿富汗等军事行动，为苏联外扩的国防战略开山辟路，可谓功不可没。但是，如此巨型的运输机似乎仍不能满足苏联的需要，尤其是当美国于 20 世纪 60 年代中期研制出载重量高达 379 吨的 C-5 运输机后。为了赶超美国，苏联开始着手研制载重量更大、性能更好的运输机。

安 -124

1982年12月，安-124首架原型机首飞。1985年，在巴黎航空展上，安-124第二架原型机“Ruslan”首次亮相。在该次航空展上，飞机名称正式改为安-124。1986年，第五架原型机参加了英国范登堡国际航展，引起国际轰动。同年1月，安-124交付使用。1987年，该型运输机全面投产，到1995年1月已生产了51架，年均生产5架。安-124的载重量约为150吨，飞行高度达到10750米，打破了由C-5创造的载重高度原世界纪录。另外，安-124还拥有20多项国际航空联合会FAI承认的世界飞行纪录。

性能特点

安-124主翼为后掠下反式上单翼，翼展长达73.30米，翼下4个短舱内装有带反推力装置的重达23吨的D-18T涡扇发动机。机头机尾都有全尺寸货舱门，分别向上和向左右打开，货物可从货舱中自由出入。其货舱分为上下两层，上层较狭小，装有6名机组人员和1名货物装卸员座位，还可承载88名乘客。下层为主货舱，尺寸较大，长36米，宽6.4米，高4.4米，容积1013.76立方米，载重可达150吨，起飞重量达405吨。货仓空间较大，可以运载普通飞机机身、化工厂塔件等大型货物。安-124的指标约为美国C-17的2倍、C-5的1.25倍、安-22的1.875倍。

其货舱舱门设计也较科学，前后舱门都采用液压装置开闭，可分别在7分钟和3分钟内打开。货舱顶部装有2个起重力为10吨的吊车，而地板上则有2部牵引力为3吨的绞盘车。

作为新一代大型运输机，安-124充分考虑了用于民航运输时的适航性，机上装有厕所、洗澡间、厨房和休息间，以便工作人员能在远程飞行过程中很好地休息。

安 -124 基本数据

机长	69.10 米
翼展	73.30 米
机高	21.08 米
机翼面积	628.00 平方米
翼载	644.9 千克 / 平方米
货舱尺寸（长 × 宽 × 高）	36.0 米 ×6.4 米 ×4.4 米
空重	175 吨
最大载重	150 吨
最大载油量	230 吨
最大起飞重量	405 吨
发动机（D18T-S3）推力	4×229.5 千牛（23.4 吨）
巡航速度	800—850 千米 / 小时
最高速度	865 千米 / 小时
起飞距离	2520 米
着陆距离	900 米（最大着陆重量）
实用升限	1 万—1.2 万米
进场速度	230—260 千米 / 小时

小链接：安 -124 将重新生产

1994 年，因为资金不足等原因，俄罗斯关闭了安 -124 生产线。不过，考虑到目前俄军的机动能力不足，俄罗斯政府决定恢复安 -124 的生产。“航空之星 -SP”飞机制造厂负责安 -124 的生产。重新生产的安 -124，标准载重量将由 120 吨增至 150 吨，飞行距离将达 4000 千米，时速将达 865 千米。按计划，俄罗斯政府将为前 3 架安 -124 拨付约 5.6 亿美元的巨款。在 2030 年前，俄罗斯要生产 20 架安 -124，平均每架生产时间为 18—20 个月。

3. 低空霸王：美国 AH–64“阿帕奇”直升机

美国 AH–64“阿帕奇”现为美国陆军主力武装直升机，发展自美国陆军 20 世纪 70 年代初的“先进武装直升机计划”。该武装直升机最大的特点是，能够利用数据链对 50 千米之内的无人机进行指挥，让其深入搜索和辨别目标，自己再快速进入，开火并远离目标。因卓越的性能、优异的实战表现，AH–64 从诞生之日起就备受青睐，现已被世界上 13 个国家和地区使用，包括日本和以色列等。在世界武装直升机综合排名中，一直稳居榜首。

发展简史

AH–64 武装直升机，是“先进武装直升机计划”的产物。在该计划之前，美国陆军层执行过“先进空中火力支援系统计划”，但因目标不切实际而被取消。不久后，美国陆军进行反思，提出了一个切合实际的方案，即“先进武装直升机计划”。该计划旨在研制一种能携带反坦克导弹，注重猎杀硬性目标与多目标接战能

美国 AH–64“阿帕奇”直升机

力的专业反装甲武装直升机。

该计划提出后，共有包括休伊直升机和贝尔、波音在内的 5 家制造商参与竞标。1973 年，美国陆军宣布休伊与贝尔的设计通过概念设计阶段，并拨款给双方，让它们各制造两架飞行测试原型机与一架地面静态测试机，看看效果后再决定谁为最后的胜出者。休斯的概念机编号为 Model-77，军用编号 YAH-64；贝尔的设计则为 Model-409，军方编号 YAH-63。双方原型机都于 1975 年 9 月试飞。经过激烈角逐，最后休斯胜出，美国陆军宣布 YAH-64 获胜，并赋予其 AH-64 的正式编号。AH-64 也因此成为美国陆军继 AH-1 系列之后第二种专业武装直升机。

AH-64 的第一种量产型是 AH-64A，从 1984 年起正式服役，美国陆军共接收约 800 架。AH-64A 观测 / 射控系统与作战能力优于任何一种 21 世纪之前服役中的俄罗斯或其他西方武装直升机，而且到现在为止仍是西方世界火力最强大的武装直升机。

性能特点

与之前服役的其他攻击直升机相比，AH-64 的最大特点是安装了长弓毫米波雷达，能够全天候搜索 / 跟踪十几千米范围内的地面目标，其战场侦察能力得到极大提升。长弓雷达天线安装置于主旋翼轴顶部，能进行全方位 360 度扫描，也可对某个扇形区进行重点扫描，能够发现机载红外设备发现不了的伪装目标。此外，长弓雷达还具有地形跟踪能力，支持直升机在低能见度情况下高速低空飞行。在跟踪瞄准目标时，该直升机不但快速，而且能瞄准多个目标。神奇的是，该直升机还能通过目标探测和分类设备，对目标信号特性与数据库进行分析，然后依次排列出对载机的威胁等级。

AH-64 参与了波斯湾战争、科索沃战争和阿富汗战争等现代局部战争，实战效果明显，大受青睐。美国不断对该直升机进行改进，现已完善火控雷达，能够更准确地发现和识别目标。此外，还利用数字通信综合系统、机载自卫系统等现代技术，性能不断提高。

武器装备

AH−64D 为该直升机中最先进的一型，能携带 30 毫米航炮、“地狱火”反坦克导弹和 70 毫米火箭弹等轻型武器。但这些武器对登陆舰艇的杀伤力不足，且射程较短，容易被击落，因此该直升机不会用于对登陆舰艇的攻击，而将装甲车和人员等地面目标作为打击对象。

AH−64D 是坦克装甲部队的克星，战斗力加强。以海湾战争中的一场战斗为例，一架 AH−64 直升机共击毁伊军 84 辆坦克和装甲车、38 辆轮式车辆、4 座防空系统和 8 门火炮。有人估算，倘若 AH−64D 直升机携带 16 枚反坦克导弹和 38 枚 70 毫米火箭弹，能够有效发现并攻击目标的话，即便按其 50% 的命中率，一架次也能摧毁 8 辆坦克，并使一个步兵排失去接近半数的战斗力。这样，2 次就能对 1 个合成步兵营造成严重打击。

4. 死亡之吻：俄罗斯卡 −52“短吻鳄”直升机

卡 −52 武装直升机由俄罗斯卡莫夫设计局在著名的卡 −50 直升机的基础上改进设计而成，于 1996 年 11 月公开展示，并以凶猛的两栖动物“短吻鳄”命名。卡 −52 继承了卡 −50 的动力装置、起落架、机械武器及另外一些机上设备。相对于卡 −50，它的不同之处在于采用了并列式双座驾驶舱。该直升机可在昼夜和各种气象条件下对超低空对地面目标进行突击。

2011 年 2 月，卡 -52 完成验收。同年 8 月，俄罗斯国防部宣布了 140 架卡 -52 订单。2011 年 11 月，第一架量产型卡 -52 交付俄罗斯空军。

研发背景

卡 -52 的前身是赫赫有名的卡 -50。卡 -50 是俄罗斯第一型专用攻击直升机，也是世界上第一种共轴双三桨旋翼攻击直升机。卡 -50 虽然有众多优点，但俄罗斯军方认为它已经不适应现代战争的需要。

卡 -52 直升机

首先，敌方防空装备的战斗技术性能要求战斗直升机必须能在大约 5 米的高度飞行和实施战斗行动。其次，在现代战争中，即便有两名机组成员，一名负责驾驶，另一名负责火控系统，想要高效完成任务也有很大难度。而卡 -50 是单驾驶布局，客观上加重了驾驶员的心理负担和工作负担，从而影响了飞行安全度及其作战能力。

结构布局

卡 -52 最显著的特点是采用了并列双座布局的驾驶舱，这大大优于传统武装直升机的串列双座布局。在该布局下，机组人员可共用某些仪表、设备，简化了仪器操作工作，以便驾驶员能全身心跟踪目标，提高作战效率。第二乘员则可保障实施侦察或电子对抗，搜索和识别远距离目标。卡 -52 的两名乘员都拥有自己的操纵装置，必要时可以联动。在需要的情况下，两名乘员中的任何一个都可以单独驾驶直升机或控制武器系统。不过，这种布局也存在缺陷。因为设置了第二乘员位置，并安装了补充设备，所以卡 -52 的飞行

性能要低于卡 –50，其升限和爬升率有所降低。

卡 –52 能在任何天气条件下和任何时间指示目标，并区分目标，协调与地面部队及攻击机的行动，还可执行其他任务。其动力装置、旋翼、垂尾、起落架、武器及一系列机载系统都与卡 –50 通用。根据米里设计局总设计师米赫耶夫的说法，其 85% 的零部件与批量生产的卡 –50 直升机通用。

武器装备

卡 –52 武器系统与卡 –50 类似，装有一门口径为 30 毫米的 2A42 型可移动（能水平移动并有限地上下移动）自动机炮，可带 280 发炮弹。整个机炮系统与 BMP–2 步兵战车和 BMII–3 型步兵战斗车、BMII–2 和 BMII–3 型陆战队战斗车的机炮及“铠甲”火箭炮规格统一，因此补充穿甲弹和爆破弹非常方便。卡 –52 还装有一门不可移动的 KII–23JI 型机炮，口径为 23 毫米，可带弹 250 发，装在机翼内上的 YIIK–23–250 型吊舱内。

卡 –52 短翼下设有 4 个武器挂架，可携带 12 枚旋风 –M 带激光制导和串联战斗部的超音速反坦克导弹，还可配 4 个 B–8B20A 火箭发射巢，每个火箭巢可带 20 枚 80 毫米直径的 C–8 非制导航空火箭；也可安装 B–13J5 火箭巢，每个火箭巢可装 5 枚 120 毫米直径的 C–13 非制导火箭。这些火箭可带各种战斗部，如爆破弹、照明弹等。它还可挂 X–25MJI 半主动激光制导空对地导弹，以消灭远距离目标（15 千米）。为近距离打击空中目标，它还可挂 2—4 枚 P–73 型中距离空对空导弹或 8—16 枚“针 –B”。

小链接：“智能”型直升机

卡 –52 具有最新的自动目标指示仪及独特的高度程序，可以为战斗直升机分配目标，从而充分发挥卡 –50 战斗直升机的作用，并协调其机群的战斗行动，因此有“智能”型直升机的美誉。此外，因为卡 –52 两名乘员座位并排且有自己的操纵装置，因此非常适用于飞行训练和战斗训练。卡 –52 虽然是专门为陆军航空兵研制的直升机，但在必要时可执行海航任务，能在舰艇甲板安全着舰。

5. 空中幻影：俄罗斯 T50 战斗机

T50 战斗机正式名称为“苏霍伊航空多用途前线战机”，因试验机代号为 T –50 而得名。该机于 2010 年 1 月首飞，属于替代苏 –27 的第五代战斗机，也是俄罗斯下一代主力多用途战斗机。

研发背景

从某种程度上来说，T50 也是美苏军备竞赛的产物。在 20 世纪 80 年代，苏霍伊设计局研制出了一代名机苏 –27，在技术上完胜美国的 F–15。不甘落后的美国革新技术，率先进入隐身时代，推出了性能更好的 F–22 战斗机，再次领先苏联。F–22 的隐身、超音速巡航、超机动和网络战

T50 战斗机

能力都代表了空战的新境界，给俄罗斯造成了巨大压力。

进入21世纪，俄罗斯经济好转，其空军便委托苏霍伊设计局研制名为PAK-FA（意为“未来前线战斗机系统”）的第五代战斗机，还极力鼓动印度参与其中。苏霍伊设计局对将PAK-FA的内部代号定为T-50，T为三角翼之意。2010年1月，T50首次试飞，比美军的F-22晚了整整13年。

结构布局

T50机身横截面为椭圆形，全机主要由钛铝合金建造。其驾驶舱设计着重于飞行员高度的舒适性，以便飞行员能够在极高的G力负载下控制飞机。机上配有新型弹射椅和维生系统，弹射椅可以60度角倾斜，从而减少高G力之下对飞行员的冲击。该战斗机的两个外倾（外倾角度为27度到29度）垂尾与F-22极为相似，位置较靠前。这样设计，该机在大迎角时边条产生的涡流会带来稳定强气流，从而对垂尾形成有利干扰，减小机身屏蔽，增强稳定性和可控制性。

T50装备了季赫米洛夫研究所设计的N036雷达系统。该系统跟踪和攻击能力较强，与两台机载电脑联合便能发现400千米以外的目标，还可同时跟踪30个空中目标并向其中8个发起攻击。此外，该机还装备了新型无线电侦察和对抗系统，能够在不打开雷达、不暴露自己的情况下，发现敌人并实施干扰。

主要性能

T50最高时速可达2600千米，飞行高度达2万米，最大航程为4300千米。该机拥有至少两个大型武器舱，可携带10吨各式武器，其中包括一门30毫米GSh-30-1航空机炮、不同类型和射程的导弹以及航空制导炸弹，具备空中格斗能力和对地攻击能力。

作为新时代的战斗机，T50在隐身方面也很出色。其机头、机舱、进气道等都采用了独特的形状设计，保证了对雷达波的低可探测性。其武器舱内置也增强了隐身效果。该机布局与F-22相似，但T50的水平和垂直控制面更小。此外，T50的机翼和尾翼前、后缘平行，使雷达反射信号只向几乎垂直与侧面的方向反射，从而降低了其雷达反射面积。其系统也具有隐身功效，使用的电子战系统和对红外制导弹头的抑制系统能更好地保护其不被防空系统，尤其是美军的雷达系统发现。

T50机身扁平，机翼面积较大，翼荷较低，升力系数较大。该机采用了苏-37/苏-30MKI系列的轴对称推力矢量喷口（TVC），但是取消了这两者的鸭翼，这样既增强了隐身效果，还为该机提供了气动控制面外的一种控制方式，能够提高飞机低速、高攻角范围的机动性能，与气动控制面相配合可以增加飞机的迎角和机头指向能力。总体而言，T50的超音速巡航和机动性能与F-22不相上下，但其发动机推力似有不足。

小链接：第五代战斗机

第五代战斗机是目前世界现役机种最先进的一代战斗机，按照军事上对喷气式战斗机的划代标准划分。相较于前一代而言，第五代战斗机的最大特点是低可侦测性技术的全面运用，并具备高机动性、先进航电系统、高度集成计算机网络，同时还有优异的战场态势感知能力。第五代战斗机的性能特点一般可以用4S来概括，即：Stealth（隐形），Super Sonic Cruise（超音速巡航能力），Super Maneuverability（超机动能力），Superior Avionicsfor Battle Awarenessand Effectiveness（超级信息优势）。其中，具备革命性的是隐身性能。不过，隐身性能作为其作战性能的一个因素，过分强调可能会对其他性能造成负面影响，因此第五代战斗机尽可能在

各个作战指标之间实现平衡，其中以 F–22 最为典型。目前，已经开始服役的第五代战斗机仅有美国的 F–22，其他国家尚处于研制阶段。

6. 后起之秀：美国 MQ–1“捕食者”无人机

MQ–1“捕食者”无人机可以扮演侦察兵角色，也具备一定程度的攻击能力，可以发射两枚 AGM–114 地狱火飞弹。它是一种遥控飞行器，机长 8.27 米，翼展 14.87 米，最大活动半径 3700 千米，最大飞行时速 240 千米，可在目标上空停留 24 小时，最大续航时间为 60 小时。该机装有光电 / 红外侦察设备、GPS 导航设备和具有全天候侦察能力的合成孔径雷达，在 4000 米高处分辨率为 0.3 米，对目标定位精度 0.25 米。

发展简史

该无人机于 1994 年研发成功，并于同年首飞，且具备实战能力。2002 年，美国空军正式组建了第一个武装型“捕食者”无人机中队，计划装备 20 架武装型“捕食者”。同年 6 月，美国空军正式将携带“地狱火”

MQ–1“捕食者”无人机

的 RQ-1B 命名为 MQ-1B。M 表示多用途，这说明“捕食者”由单纯的侦察无人机发展为多任务型无人机。MQ-1B 无人机装载雷神公司的多频谱瞄准系统、Talon Radiance 超频谱成像器，其可穿透树叶探测隐蔽的地面目标，同时还装有信号情报装置。

2002 年，美国海军确定于次年对“捕食者”无人机进行一次新的控制试验，即在有人驾驶飞机上控制“捕食者”。这一试验的结果扩展了“捕食者”无人机的适用范围和应用灵活程度，同时也使美军对无人机的使用成本有了新的认识。美国政府表示，一架武装无人机的使用成本其实和有人飞机不相上下，因为前者需要复杂的指挥及通信系统提供技术保障。

2003 年，美国空军采购了 25 架“捕食者”，次年接着采购了 16 架，2005 年又采购了 9 架。

2004 年，通用原子航空系统公司宣布，一架由 HFE 燃料驱动的“捕食者”无人机已成功首飞，为新一代无人机“勇士”的研发打下坚实基础。据该公司负责人称，HFE 动力装置可降低维修成本，增加服役寿命。

2011 年，美国空军接收了订购的 MQ-1“捕食者”无人机中的最后一架。按美国空军计划，将不会继续采购 MQ-1，这种飞机将逐渐被新型 MQ-9“死神”无人机取代。

武器装备

一个典型的“捕食者”系统包括四架无人机、一个地面控制系统和一个“特洛伊精神 II”数据分送系统。该无人机续航时间高达 40 小时，巡航时速 126 千米。飞机上装备有 UHF 和 VHF 无线电台，以及作用距离 270 千米的 C 波段视距内数据链。该无人机最初的任务是侦察，其用于监视侦察的有效载荷为 204 千克。该机上的两色 DLTV 光学摄影机采用了 955 毫米可变焦镜头。高分辨率的前视红外系统有 6 个可调焦距，最小为 19 毫米，最大为 560 毫米。其采用的合成孔径雷达非常先进，可以全天候监视，且分辨率精度达到0.3米。

地面控制站安装在长10米的独立拖车内，内有遥控操作的飞行员、监视侦察操作手的座席和控制台、三个波音公司的任务计划开发控制台、两个合成孔径雷达控制台，以及卫星通信、视距通信数据终端。

地面站可将图像信息通过地面线路或“特洛伊精神Ⅱ”数据分派系统发送给操作人员。“特洛伊精神Ⅱ”采用一个5.5米Ku波段地面数据终端碟形天线和一个2.4米数据分派碟形天线。

小链接：MQ-1 实战表现

“捕食者”自研发生产以来，便被派上用场。

1996年，“捕食者”参与了波斯尼亚维和。在科索沃战争中，该机出动了50余架次。此外，该机还参与了阿富汗的作战行动。

2001年10月，“捕食者”首次在实战中发射导弹摧毁了一辆塔利班坦克。

2003年3月，“捕食者”开始携带两枚AGM-114K“地狱火”Ⅱ激光制导反坦克导弹，执行摧毁伊拉克的ZSU-23-4自行高射炮的任务。

北约2011年4月23日在一份声明中说，格林尼治时间11时左右，美军一架无人机介入后，利比亚西部城市米苏拉塔附近一处多管火箭发射装置遭摧毁。

不过，“捕食者”自身也有损伤。自投入使用到现在，美军已经损失了20多架无人机。

7. 空中大力神：美国 C-130 运输机

C-130 运输机是世界上设计最成功、使用时间最长、服役国家最多的运输机之一，有“大力神”的美誉。它是中型四发涡扇式多用途战术运输机，可以在前线简易机场跑道上起落，向战场运送或空投军事人员和装备，返航时则可运送伤员。从 1954 年 8 月首飞至今，C-130 已经服役 60 余年，有 70 余个国家或地区使用，总生产数量逾 2300 架，各种任务改型近 40 种。

发展历程

C-130 的诞生与柏林封锁事件有关。二战结束后不久，苏联与盟国之间的矛盾因意识形态而激化。为向西方盟国施压，苏联封锁了所有通往西柏林的陆上道路。在停战协议上，西柏林是盟国的占领区，当地居民暂时需要盟国救援才能生存下去。苏联原以为封锁一段时间就会让盟国低头，没想到盟国立即展开了从空中向西柏林运送救援物资的行动，时间长达一年。大空运打乱了苏联的计划，并使各国意识到战略空运的价值，从而加快了作为空运力量核心的运输机的生产。

1951 年，美国空军向各大飞机制造公司发出新型运输机的技术招标，要求航程 1980 千米，最大载重量 13 吨，可以运载当时美军大多数的装甲车辆、火炮和卡车等大型货物。同时，车辆可以直接进入货舱主舱门，还必须有空投伞兵用的侧舱门。为了能进行低空低速空投，还要求飞机在 225 千米 / 小时的低速条件下做稳定的掠地飞行。此外，该飞机即便一台发动机失灵也能正常飞行。

不久后，洛克希德公司完成了代号为L-206的原型机，并战胜了其他厂家的设计方案，获得了空军的原型机制造试验合约。1954年8月，原型机YC-130在加州伯班克完成首次飞行，得到美国空军的认可，并订购了27架。

设计特点

C-130采用上单翼、四发动机、尾部大型货舱门的机身布局，奠定了战后中型运输机设计“标准”。在设计上，其最大特点是力求满足战术空运的实际要求，因此非常适合执行各种空运任务。其货舱门为上下两片开启结构，能在空中开闭。空中舱门放下时是一个很好的货物空投平台，尤其是在掠地平拉空投之时，而在地面时则是一个很好的装卸坡道。C-130可以贴地投放11吨重的货物。一般来说，飞机投放时会贴地飞行，后舱门打开拖出一个钩子，钩子的另一端与货盘和货物相连。当钩子与地面空投场上的钢索啮合时，货物就被顺利拖出。其货盘有能量吸收系统，货物滑行30米后就会停下。当货物较大、超过22吨时，就需要使用条带式降落伞将货物从货舱中拖出。

其主起落架舱的设计也很巧妙，起落架收起时位于机身两侧旁突起的流线型舱室内。这个设计使得起落架舱不会占用主机身空间，便利了货舱设计，同时使左右主轮距较宽，增强了飞机在跑道上的稳定性。

C-130基本数据

参考数据	
乘员	5人（机长、副机长、领航员、导航员、装卸长）
机长	29.8米
翼展	40.4米

机高	11.6 米
翼面积	162 平方米
空重	34400 千克
载荷	33000 千克
最大起飞重量	70300 千克
动力	4× 艾里逊 T56-A-15 涡轮螺旋桨发动机 4×4590 马力（3430 千瓦）
桨叶直径	4.1 米
货舱体积	C-130E/H：长 12.31 米，宽度 3.12 米，高 2.74 米 C-130J-30：长 16.9 米，宽 3.12 米，高 2.74 米

飞行性能	
最大航速	592 千米每小时（6000 米高度）
巡航速度	540 千米每小时
航程	3800 千米
最大飞行高度	空载：10060 米，载荷：7077 米
爬升率	9.3 米 / 秒
起飞距离	空载：428 米，载荷：1093 米

几次重大改进

为适应发展需要，C-130 不断进行改进。其中，以 C-130J、EC-130E/G/H/V、KC-130F/R/T/J 等较具有代表性。

C-130J 绰号“超级大力神”，是 C-130 家族为适应新时期变化和现代化升级而提出的版本，主要改进了发动机和航空电子设备，并配备了全新、效率更好的动力系统。该型号还配备了双人制的高度自动化的驾驶舱，并充分利用了不少现代化系统。

EC-130是美国空军用于心理战的专用飞机，隶属于美国空军第193特种作战大队。它在C-130运输机的基础上，对EC-121电子战飞机的电子设备进行了改造，设计上充分结合了C-130和EC-121的优势，除一流的广播系统外，还装有先进的导航及防护系统。其任务有指挥和控制通信、限制敌方搜集情报等，基本上和其他电子作战飞机无异。

KC-130也在C-130运输机的基础上发展而来，主要功能是加油，可为战机进行空中加油，对空军执行远程任务具有重要意义。其低速低空性能和低廉的操作成本，使其完全胜任对美国海军陆战队的直升机空中加油任务，现有37架F型和14架R型在美国海军陆战队服役。此外，对一些担负不起大型空中机油机成本的中小国家而言，它也不失为一种很好的选择。

小链接：美或取消C-130对华出售限制

20世纪80年代中美关系缓和，美国出于牵制苏联的需要，曾向中国出口过C-130运输机的民用版本L-100货机，但不久后即进行限制。2010年，美国总统奥巴马就取消对中国出售C-130运输机限制问题给参众两院议长写信。奥巴马在信中表示，依照国会授权法案并基于美国国家利益，决定取消对中国出口用于清除海上漏油的C-130运输机的相关限制。不过，白宫没有透露对中国出口C-130运输机的时间、数量和金额。如果奥巴马的要求得到美国国会的批准，这将是美国自1989年以来首次向中国出口高科技军用武器。

8. 空中堡垒：乌克兰安 -225 运输机

安 -225 运输机由苏联安东诺夫设计局研制，属超大型军用运输机，是目前世界上载重量最大的运输机。该运输机起飞重量 640 吨，机舱载重量可达 250 吨，机身顶部载重量可达 200 吨。作为苏联太空计划的“暴风雪”号航天飞机的运输用途而研制的运输机，安 -225 仅实际制造过一架编号 UR-82060 的一号机，苏联解体后属乌克兰所有。

发展简史

安 -225 运输机是世界上最重的飞机。之所以制造这么庞大的飞行器，主要是为了运输“暴风雪”航天飞机。因为研发时间非常短，安 -225 是在苏联另一架大型运输机安 -124 的基础上研发改进而来的。相对于安 -124 而言，安 -225 延长了机身，为避开飞行过程中航天飞机后方产生的乱流，安 -124 原本的单垂直尾翼设计也被两个位于水平尾翼末端的对称式垂直尾翼所取代。此外，安 -225 还在安 -124 原本搭载的 4 具 ZMDB

安 -225 运输机

Progress D-18 高涵道比涡扇发动机的基础上增加了两具，相关部分也进行了适当改进和强化。

安 -225 一号原型机在 1988 年 11 月完工，并于次月试飞。1989 年 5 月，安 -225 首次完成了“暴风雪”号的负载飞行。然而，当时苏联经济和政治都出现动荡，无力支持昂贵的太空计划“暴风雪”。因此，专门为太空计划而生产的安 -225 失去了存在意义，其在建设中的二号机也被叫停。苏联解体后，安 -225 一号机由乌克兰接管。刚刚独立的乌克兰经济状况不佳，无力操作安 -225，因此一号机从 1994 年开始就被放于工厂一角，其主要零件甚至难逃被拆卸为安 -124 与安 -70 的备用零件的命运，实际处于报废状态。

20 世纪末，乌克兰将安 -124 机队开放出租给欧洲国家，取得极大成功。重拾信心的乌克兰终于将目光转向安 -225。经过 1 年左右的改装与强化，安 -225 一号机换上了西方先进的航电设备，并于 2001 年上半年重新飞翔于天空中。对于叫停许久的安 -225 二号机，乌克兰正在积极建造中，并考虑将其作为超大型民用运输机，倘若可行便批量生产。

技术性能

安 -225 在某种程度上可被视为安 -124 的升级版，其飞机总重和载重能力都在后者基础上增加了 50%。安 -225 机身加长，客舱的基本横截面和机头舱门未变，取消了后部装货斜板 / 舱门。其方向舵分为上下两段，升降舵则分为三段。安 -225 重量与体积惊人，起落架设计也很大气，鼻轮由两对复轮一共 4 个轮胎组成。其腹轮则有前后 7 组，左右 2 排，共 28 个轮胎。所有轮胎都以油压方式上下，其中前轮具有转向作用，从而提升飞机在地面滑行时的机动性。

安 -225 机身全长 84 米，是史上最长的飞机，比目前最长的商用客机 747-8 型还长 7.4 米。其主翼翼展为 88.74 米，虽然较有史以来翼展最宽的飞行器“史普鲁斯之鹅”稍短，但因后者从未真的“飞起”过，所以安 -225 仍是目前世界上翼展最宽的飞机。生产之初，官方公布其载重量为 250 吨，但一般认为其载重能力超过 300 吨，而美国最大军用运输机 C-5 的额定载重能力仅 118 吨。

因作为运输火箭而设计，安 -225 的货舱形状非常平整，全长 43.51 米，最大宽度 6.68 米，底板宽度 6.40 米，最大高度 4.39 米。为方便巨大货物进出，安 -225 与大部分大型货机一样，采用可以上掀打开的“掀罩式”机首，还在货舱内设有起重机。体型巨大的安 -225 只需要 6 名机组人员便可操作，有人估算，倘若转为客机，其载客能力在 1500—2000 人之间。值得一提的还有其超长的续航能力，因为机身较大，携带油料也相对更多，安 -225 即便在全负载的情况下也可以持续飞行约 2500 千米。

小链接：飞机运列车

2013 年 11 月，世界最大货运飞机安 -225 装载由中国制造的 100% 低地板“祥龙号”现代有轨电车，从石家庄机场启程飞往土耳其。该次空运的整列有轨电车为 4 辆编组，长达 40 米，重约 60 吨，一次性全部装上安 -225，启程飞往欧洲。这是中国首次使用安 -225 飞机运送大宗货物，也是世界上第一次用安 -225 运载轨道车辆。

9. 孤独的窥视者：美国“全球鹰”无人侦察机

RQ-4A“全球鹰”是美国空军乃至全世界最先进的无人机。作为“高空持久性先进概念技术验证”（ACTD）计划的一部分，该无人机于1998年首飞，在ACTD计划执行期内完成了58个起降，飞行了719.4小时。“全球鹰”最大飞行时速740千米，巡航时速635千米，航程达2.6万千米，续航时间42小时。该无人机可从美国本土出发，前往全球任何地点进行侦查。

研发简史

1999年6月到2000年6月，美军对“高空持久性先进概念技术验证”（ACTD）计划进行部署和评估。根据经费情况，各种需求按顺序在各批次中得到满足。到第二个生产环节，即“全球鹰”BLOCK10批次，美军正式认定“全球鹰”具备完整作战能力。1998年2月，“全球鹰”首飞成功。

1999年3月，“全球鹰”第二号原型机坠毁，携带的侦察传感器系统毁坏。

2000年3月，继续试飞。同年6月，一个完整的“全球鹰”系统重新部署。

“全球鹰”无人侦察机

2001年4月，“全球鹰”完成了从美国到澳大利亚的越洋飞行创举，这在人类历史上还是第一次。

同年8月，“全球鹰”首次投入实战，参与对阿富汗的军事打击行动。

2003年8月，美国联邦航空管理局向美空军颁发了国家授权证书，允许“全球鹰”无人机系统在国内领空实施飞行任务，使其成为美国第一种获此殊荣的无人机系统。

2005年8月，生产机构诺斯罗普·格鲁门公司接到美国空军合同，提供2架生产型RQ-4A。“全球鹰”除装备美军外，还部署于日本等国家和地区。

结构及性能

“全球鹰”无人机机身长13.5米，高4.62米，翼展35.4米，最大起飞重量11622千克，翼展与波音747相近，因此是一种巨大的无人机。该无人机机载燃料超过7吨，最大航程可达25945千米，自主飞行时间长达41小时。其飞行时采用GPS全球定位系统和惯性导航系统，可自动完成从起飞到着陆的整个飞行过程。

“全球鹰”在2001年4月进行的飞行试验中，飞行高度达19850米，打破了喷气动力无人机续航31.5小时的任务飞行纪录（CompassCope-R无人机保持了该项世界纪录26年之久）。

该无人机能在2万米高空工作，可穿透云雨等障碍，连续监视运动目标，准确识别地面目标，大到各种飞机、导弹和车辆，小到汽车轮胎的齿轮。倘若正常运转，该无人机在一天内可对约13.7万平方千米的区域进行侦察。经过改装后，该无人机可持续飞行6个月，只需1—2架就能监控一个国家。

“全球鹰”可同时携带光电、红外传感系统和合成孔径雷达。其合成孔径雷达颇为先进，具有一个X波段、600MHZ、3.5千瓦峰值的活动目标指示器。使用该雷达获取的条幅式侦察照片可精确到1米，定点侦察照片可精确到0.3米。对于每小时20—200千米行驶的地面移动目标，可精确到7千米。在执行任务的过程中，该无人机既可进行大范围雷达搜索，又能提供7.4万平方千

米范围内的光电 / 红外图像，目标定位的圆误差概率最小可达 20 米。

当然，它还有更大的优点，那就是可以与现有的联合部署智能支援系统（JDISS）和全球指挥控制系统（GCCS）联结，实时地将图像直接传给指挥官，以便研究决定后采取对策。

因为具备这些优点，“全球鹰”的造价也较高，每架约为 5100 万美元。

不过，该无人机也有缺点，其飞行时速为 644 千米，很难摆脱高速战斗机的追击。而且，其喷气发动机会产生少量红外辐射信号，隐蔽性能不是很好。为了弥补这一缺陷，“全球鹰”装备了红外诱饵弹。此外，它的有效载荷为 900 千克，携带装备的能力非常有限。

局部战争中小试身手

“全球鹰”研制成功后不久就投入到对塔利班的军事打击行动中。在阿富汗战争中，该无人机执行作战任务 50 多次，累计飞行 1000 小时，提供敌军目标情报、监视和侦察图像 1.5 万多张，此外还为低空飞行的“捕食者”无人机指示目标。

伊拉克战争中，该无人机再创佳绩。参与战争的 2 架“全球鹰”无人机负责 452 次情报、监视与侦察行动，加强了美军的作战能力。战争期间，“全球鹰”执行飞行任务 15 次，提供了 4800 幅图像。根据其提供的情报，美军摧毁了伊拉克 13 个地空导弹连、50 个地空导弹发射器、70 辆地空导弹运输车、300 个地空导弹箱和 300 辆坦克（占伊拉克已知坦克的 38%）。在用于摧毁伊拉克防空系统的时间敏感目标数据中，55% 是由“全球鹰”无人机提供的。此外，“全球鹰”还首次用来为 F/A–18C 战斗机传递数据，成功攻击并摧毁了伊拉克导弹系统。

10. 惊鸿一瞥：英国“雷电之神”无人机

“雷电之神”无人机是英国研发的第一架高科技隐形无人机的样机，名字来自于神话人物。它是英国国防部和工业界合作的产物，由英国 BAE 系统公司、Qinetiq 公司、劳斯莱斯公司和 GEAviation 联合研制，耗时 4 年，试验样机成本高达 1.43 亿英镑（约合人民币 14.6 亿元）。该无人机已于 2011 年试飞。

研发简史

“雷电之神”无人机从 2006 年开始研发，一度作为机密项目。为了适应现代战争的需要，研究和推进英国的无人机隐身技术，使其空中作战能力更上一个台阶，同时为下一代无人机的设计制造做准备，英国着力对该项目进行研发。

英国“雷电之神”无人机

2011 年，“雷电之神”首次试飞。

2014 年，BAE 系统公司和英国国防部联合验证了该无人机的多项雷达规避隐身技术。

2014 年初，“雷电之神”在第二阶段飞行试验中成功应用了共享数据系统。这意味着它自身便可以收集、处理和发送相关的大气数据，而无需使用外部传感器或吊舱，这提高了其隐身性能。

结构设置

该无人机的飞行试验检查了其传感器的集成，以及导航、自动控制技术和通信系统，此外还成功验证了热和红外信号减小技术，这种技术增强了其隐身性能。据了解，该技术通过在机体中心嵌入燃气涡轮发动机以及修形排气系统来实现。

作为新型的隐身无人机，“雷电之神”的研发关键不是发动机，而是将低可探测排气系统完全嵌入机体以及将发动机隐藏在机体中心，这些举措都能有效减小雷达反射截面。

该无人机排气系统的外形有利于控制和扩散排气，降低排气温度和红外信号。其矩形喷口可以使喷气快速扩散，从而降低红外信号。同时，喷口角度也与机翼前后缘平行，不会产生更多信号。据相关专家分析，该无人机采用的隐身技术可与美国媲美，地面雷达系统几乎无法寻其踪影。

主要性能

除隐身的特性外，该无人机还具有洲际飞行、远程打击和智能识别等功能。

即使在没有地面指挥的情况下，它也能够通过卫星和指挥部进行通信，执行精确打击远程和跨洲际目标的任务。劳斯莱斯公司为其提供的推进系统，可让其适用于高速洲际飞行，还能在卫星监控下到达地球的任何一个角落。

该无人机内置两个炸弹舱，能在多个目标上空投放弹药，具备远程攻击能力。目前，英国正在确定其搭载的武器。

该无人机装备有自动人工智能系统和识别系统，能够对敌方进行监视和侦查，还可以防止自己遭受攻击。

小链接：“无人性的战争”

“雷电之神”的研发使无人机不受人类控制自动选定目标并击毙敌军成为现实。有专家发出警告，这种新技术可能会让机器人向人类发动战争，“机器人战争”或成为现实。因此，呼吁禁止使用自动化技术的声音一度甚嚣尘上。专家认为，倘若进入“机器人战争”时代，机器人将代替士兵走向战争，不受人类操控而根据系统直接向敌人开火。这无疑会夺去很多无辜者的生命。因此，“机器人战争”又被称为“无人性的战争”。鉴于此，人权观察组织强烈建议，绝对禁止开发这种全自动的杀人武器。

11. 空战终结者：美国 F-22“猛禽”战斗机

F-22“猛禽”战斗机是单座双发、具有高隐身性的第五代战斗机，也是世界上第一种进入服役的第五代战斗机。该战斗机于 21 世纪初开始服役，并逐渐取代上一代主力战斗机种——F-15 鹰式战斗机。

该战斗机的研发单位洛克希德·马丁公司宣称，其隐身性能、灵敏性、精确度和态势感知能力，再加上空对空和空对地作战能力，使 F-22 成为当今世界上综合性能最佳的战斗机。

技术性能

该战斗机采用双垂尾双发单座布局。垂尾向外倾斜 27 度，恰好符合隐身设计规范。其两侧进气口在边条翼下方，与喷嘴都做了抑制红外辐射的隐形设计。其机载武器则全部隐蔽挂在 4 个内部弹舱之中。

F-22 隐身性能很好，按技术标准（小反射外形、吸收无线电波材料、用无线电电子对抗器材和小辐射的机载无线电电子设备装备战斗机，其设计最小雷达反射面为 0.005-0.01 平方米）在机体上广泛使用了热加工塑胶（12%）和人造纤维（10%）的聚合复合材料（KM）。而且，其在量产机上使用复合材料（KM）的比例（按重量）为 35%。

该战斗机所装雷达为带电子扫描的主动相位阵列雷达，包含了近 2000 块模组，使用了超高频率范围的单一积分系统技术。为提高隐蔽性，F-22 还能让雷达站处于被动工作状态，可以不启动主动雷达达到在 400 千米外预警敌机的效果。该雷达系统为 APG-7，其技术基础来自超可靠雷达（URR）计划和空军的有源相控阵雷达试验。每个辐射元件的独立发射和接收是该雷达系统的创新之处，确保并提高了灵活性，同时保证了较小雷达的反射截面积。

F-22 基本性能数据

参考数据	
机长	18.90 米
翼展	13.56 米
机高	5.08 米
翼面积	78.04 平方米
空重	19,700 千克
最大起飞重量	38,000 千克
动力系统	2× 普惠 F119-PW-100 涡扇发动机
推力	2×104 千牛、2×156 千牛（加力）

参考性能	
最大速度	2.25 马赫（1500 英里 / 小时，2410 千米 / 小时）
航程	1600 海里（1840 千米，2960 千米）
作战半径	410 海里（759 千米）
实用升限	19812 米
爬升率	Not Publicly Available
翼负荷	375 千克 / 平方米，-3.0/+9.0 克
推重比	1.26

机载武装	
机炮	1 门 20mm M61A2 火神式机关炮，配有 480 发炮弹
导弹	4 个外挂点，2 个内置弹仓（2270 千克）

武器装备

该战斗机武器装备有 1 门 20mm M61A2 火神式机关炮，并配备 480 发炮弹。其空对空挂载武器为：6 枚 AIM-120 先进中程空对空导弹、2 枚 AIM-9 响尾蛇导弹。其空对地挂载武器为：2 枚 GBU-32 联合直接攻击弹药（Joint Direct Attack Munition,JDAM），或 2 枚风偏修正弹药洒布器（Wind Corrected Munitions Dispensers,WCMDs），或 8 枚 GBU-39 小直径炸弹（Small Diameter Bombs,SDB），以及 2 枚 AIM-120 先进中程空对空导弹、2 枚 AIM-9 响尾蛇导弹。

小链接：最先进的战斗机

总的来说，F-22 在机载电子设备、机动性能、武器配置等方面都比其他战机先进，其超音速巡航能力和隐身性能则为多数战机所望尘莫及。在比较先进的战机中，苏 -27/ 苏 -30 系列在机动性能上勉强可以和 F-22 相比。在电子设备上，欧洲台风战斗机和阵风战斗机倘若更换

为相控阵雷达，也能勉强达到 F-22 的水准（尚未实现）。不过，这些战机在其他方面都有所欠缺。F-22 的隐身能力特别先进，远远优于其他战机，它能够将苏 -27 等四代战机的雷达探测距离降低到 10—20 千米的夸张程度，从而抵销四代机和四代半机的大半作战能力。此外，F-22 的发展潜力无限。随着新型空空导弹和火控软硬件的不断升级，再加上机体侧面相控阵部件的加装，其发展可能才刚刚开始。因此，总体而言，F-22 是目前最为先进的战斗机。

当然，F-22 也存在重大缺陷。虽然其性能优良，但接近 2 亿美元的单机报价令美国人自己都望而却步，这可能会成为制约其继续发展的一大障碍。

12. 美利坚雄鹰：F-15“鹰式”战斗机

F-15“鹰式”战斗机是美国研制的双引擎、全天候、高机动性空中优势重型战斗机，是世界上第一种成熟的第四代战斗机。其设计之初要求“没有一磅重量用于对地”，但 1986 年诞生的 F-15E“鹰式”战斗机在对地作战中表现不俗。总体而言，F-15 是一款极为优秀的多用途战斗机。

F-15 服役至今已 40 多年，共生产了 1200 多架，改型数十种，除美国自用外，还外销到韩国等 6 个国家。该战斗机参加大小战争 100 余场，击落敌机 100 余架，却从未在战场上被击落。目前，该战斗机仍是美国空军的主力空优战斗机，将继续服役下去。

发展简史

二战结束后，美国认为核在未来战争中将起到至关重要的作用。在核武器不断发展的背景下，传统空战机显得陈旧过时，新型战斗机必须注重核武器投射能力和防空截击能力。在此背景下，绰号“鬼怪”的 F-4 战斗机应运而生。应该说，F-4 是美国第三代战斗机的典型代表，各方面性能都比较好，空战和对地攻击能力都很强。但是，介入越南战争后，美国空军被迫在一个与想象完全不一样的环境里与越军作战，F-4 的拦截和核武器投射能力根本派不上用场。越南空军利用速度较小、飞行高度较低的米格 -17 作诱饵，而让较先进的米格 -21 携带武器在更高高度上待机，当 F-4 攻击米格 -17 时，米格 -21 立即发起突然攻击，这让美国战斗机的损失率不断攀升。

作为补救措施，美军开始给战斗机加装航炮吊舱应急，但其射击精度较差，对机动性能影响也很大。之后，美国空军在新的F-4E上采用了内置式固定航炮，取得了一定效果（21 个战果中，7 架被航炮击落）。但这毕竟是权宜之计，一线部队迫切需要的是在空中占据绝对优势的战斗机，F-15 便应运而生。

1972 年 7 月，F-15 的首架原型机试飞成功。两年后，首架生产型首飞，并于 1974 年 11 月交付部队。随后，美国不断对 F-15 进行改进，先后研发生产了 F-15A/B/C/D/E 等型号。截至 2004 年底，美国空军共生产了 355 架 F-15A、57 架 F-15B、408 架 F-15C、61 架 F-15D 和 226 架 F-15E。

结构布局

F-15 机身为全金属半硬壳式结构，机身由前、中、后三段组成。前段包括机头雷达罩、座舱和电子设备舱；中段与机翼相连，部分采用钛合金件承受大载荷，约占此段重量的 20.4%；后段为钛合金结构发动机舱。

其机翼结构为多梁抗扭盒型破损安全结构，前梁为铝合金，后三梁为钛合金。机翼前后缘、襟翼、副翼均为全铝蜂窝夹层结构。其破损安全结构，配合承力蒙皮，只要有一根翼梁完好，F-15便能继续飞行，生存能力因此大大提高。

其飞行员座舱设计也颇具特色。座舱为整体式风挡，位置较高，飞行员的身体几乎有1/3露在机身外，从而使得飞行员拥有较为开阔的视野，具有上半身360度环视视界，正前方下视角达到15度。

技术性能

F-15机翼设计采用切尖三角翼翼形，改善了机翼结构，增大了机内容积，同时可以使飞机在跨音速区的阻力增加变得更加平缓，飞机跨音速时焦点移动量也较小，减小了配平阻力。机翼采用高达3的展弦比，配合为5的根梢比，利于推迟翼尖分离，机翼诱导阻力明显减小；同时较大的展弦比提高了机翼升力线斜率，改善了机翼升力特性。不过，展弦比增大则使超音速零升阻力系数增大，从而增大了跨/超音速的波阻。这个缺点，F-15利用强大的发动机推力和其他方面的设计来弥补。

F-15垂尾采用大展弦比、中等后掠角设计，高度较大，大迎角下可以明显改善飞机的航向稳定性。其进气道外侧有凸出的整流罩设计也很科学，从机翼根部前缘向前延伸，大迎角下可以产生涡流，推迟机翼失速和提高尾翼效率，相当于边条翼。不过，因为整流罩前缘半径较大，具有较大吸力，气流不易分离，其效果不如边条翼。

该机采用多功能脉冲多普勒雷达系统，可以向下俯视搜索目标，同时利用多普勒效应避免目标讯号被地面杂讯所掩盖，因此能够追踪从视距外到近距离、树梢高度的小型高速目标。一般情况下，目标反射的雷达讯号会传到中央电脑。近距离缠斗下，雷达可以自动捕获目标，并将目标资讯投射到抬头显示器上。

F-15有6个翼下挂点、4个机身外侧挂点、一个机身中线挂点，总外挂可达7300千克，能搭载多种空对空武器，如AIM-7“麻雀”空空导弹、AIM-9空空导弹、AIM-120先进中程空空导弹等。此外，该机还可挂载各种航空炸弹，包括自由落体核弹，其右侧进气道外侧还有一座M61A1火神机炮。

小链接：空战中从未被击落的战斗机

美国宣称，直到2000年，F-15在空战中缔造了击落104架敌机而己方从未被击落的神话。F-15在实战中表现优异，战绩辉煌。1982年，以色列在黎巴嫩战争中击落不少苏联生产的米格系列战斗机，部分要归功于F-15。1991年，在海湾战争中，120架F-15C/D型飞机出动5900架次，48架F-15E型飞机出动2200架次，击落伊拉克各型飞机36架，己方毫发无损。此外，在小型局部战争中，F-15的表现也很出色。

13. 走向世界的多用途隐形战斗机：中国歼-31“鹘鹰”

歼-31（中国代号：鹘鹰，Gyrfalcon；英文：Shenyang J-31）战斗机，是中国针对国际市场需求研制的第四代（俄国标准第五代）双发中型隐形战斗机。该战斗机综合作战效能优异，生存能力很强：低雷达可探测性、低红外辐射特性、优异的电子对抗性能、低易损性设计。此外，还具备执行多种任务的能力：强大的目标探测和外部信息综合能力、优异的态势感知和信息共享能力、超视距多目标攻击和大离轴角全向攻击格斗空战能力、对地和海面目标精确打击能力、适应复杂气象条件和广地域使用能力。

研发简史

随着军事技术的进步，隐形战斗机成为不少国家争相研发的对象。早在20世纪80年代，美国和俄罗斯就开始研制隐形战斗机。进入21世纪后，综合实力逐渐变强的中国也着眼未来战争，启动了第四代隐形战斗机的研发。2011年1月11日，中航工业成都飞机工业公司研制的歼-20重型隐形战斗机成功首飞。同时，中航工业沈阳飞机工业集团公司也开始了中型隐形战斗机的试制，歼-31呼之欲出。

歼-31

歼-31由中国沈阳飞机设计研究所（下简称沈阳所）研制，应用了空气动力学设计、隐身外形、轻量化结构、新一代航空电子设备和先进制造等技术。军方提出研制第四代隐形战斗机后，沈阳所提供了相应方案，但未获通过。为了积累设计经验，沈阳所决定自筹资金研发新一代战斗机的技术验证机。

在总结经验教训后，沈阳所研制的310验证机最终采用了两台俄制RD-33中型涡扇发动机，使其成为中型战斗机大小的验证机。定位中型后，其机内弹舱和油箱容积有限，远低于歼-20战斗机，无法装载重型对地攻击弹药，并不适合需要大型战斗机和远程攻击机的中国空军。因此，沈阳所的原意乃是研发成功后向第三世界国家出口。

功夫不负有心人，歼-31于2012年10月31日上午10时32分成功首飞，中国也因此成为世界上第二个同时试飞两种四代机原型机的国家。此前，只有美国同时研制了两种四代战机。

弹舱设计

第四代战斗机追求隐身性能，因此必须尽可能减少飞机表面的各种凸起，而外挂的武器弹药和副油箱就是外表面最强烈的反射源。鉴于此，第四代战斗在设计时都将常用的武器置入机身弹舱内。因此，弹舱成为第四代战斗机机体设计的难点。弹舱不但增大了机身内部体积，造成空重的大幅度上升，还使得机身变宽变厚，加大了阻力。

歼 -31 的机身相对 F-22 和歼 -20 来说较为瘦削和单薄，在发动机直径相差不大的情况下其弹仓高度和宽度都必然较小；同时由于起落架收入机身侧面，其也无法像 F-35 一样利用进气道侧面空间布置大型弹舱，只能与 F-22 和歼 -20 一样在机身下部布置弹舱。

倘若采用类似 F-22 和歼 -20 的同时具有乱序发射、高 G 机动发射、大迎角发射、高速发射能力的大型弹射挂架，歼 -31 较为薄的机身就只能安装如米卡（MICA）大小的、体型相对较小的空对空导弹。倘若采用类似 F-35 的较为简单的挂架设计，该战斗机则可以携带如 PL-12 这样的标准尺寸空对空导弹。

当然，这主要是针对雷达制导中距离空对空导弹，小巧的红外制导近距离格斗导弹则需要在发射前就锁定目标。为此，F-22 和歼 -20 都设计了复杂笨重的侧弹舱，能在高速机动状态下将导弹伸出体外，用红外导引头捕捉目标然后发射。因为歼 -31 机身侧面被起落架舱占据，而其机身长度也不如歼 -20，因此安装起落架舱后就没有空间布置格斗弹舱，所以应该没有携带格斗弹的弹舱。因为腹部弹舱较小，该机基本不可能拥有类似 F-35 这样携带重型炸弹的能力。这样说来，歼 -31 还是一种典型的制空用战斗机。

动力系统

发动机是航空器的心脏，也是决定其设计和性能的关键。歼 –31 采用了两台 RD–93 加力式涡轮风扇发动机，属于 FC–1“枭龙”战斗机的标准动力。RD–93 属于典型的中等推力涡轮风扇发动机，推力为 81.4 千牛，空气流量约 70 千克 / 秒。

从歼 –31 公布的照片来看，其机身壳体和发动机之间有较大缝隙，因此可以断定其机身是为国产的 9500KGF（9500 千克推力）发动机设计的，而使用 RD–93 可能只是前期试飞阶段的权宜之计，在 9500KGF 通过初期测试后就可以进行换装。9500KGF 发动机直径相对较大，为 1180 毫米，而 RD–93 直径则只有 1030 毫米，因此看上去空隙较大。9500KGF 发动机配有推力矢量系统，能够极大程度提高飞机机动性。不过，推力矢量系统的飞控——发控一体化系统研制难度非常高。

作为新型战斗机，歼 –31 面临的主要问题就是发动机。两台 9500KGF 发动机的重量远大于 F–35 的单台 F–135 发动机，但推力又不如后者，且其占据了机身很多面积。倘若想要超越 F–35 的飞行性能，该战斗机就不得不在其他很多方面做出牺牲。

小链接：歼 –31 利于出口

歼 –31 目前虽然存在一些问题尚需改进，但其相对于很多国家来讲都是一款性能优良的战斗机。而且，其成本比较低，对于中东和拉美国家有较强的吸引力。空军指挥学院教授徐邦年表示：“即使解放军海军、空军都不需要歼 –31，也并不妨碍它成为军用飞机市场上的热门商品，因为它提供了现在看来是唯一的廉价隐形飞机的选择。对于军费不充裕的发展中国家来说，这样的机型有着巨大的吸引力。”

印度则认为，一向青睐中国战机的巴基斯坦空军可能会在歼 –31 服役后立即购买。印度航空研究协会的普希平达尔·辛格说：“巴基斯坦空军的战斗机编队目前主要是由中巴联合研制的 JF–17 战斗机和歼 –7 战斗机组成。几乎可以肯定的是，巴基斯坦至少会组建两个歼 –31 中队。”

NO. 4 雷霆之怒：顶尖导弹武器

1. 超越极限："布拉莫斯"超音速巡航导弹

"布拉莫斯"超音速巡航导弹是由印度和俄罗斯联合研制的新一代巡航导弹，印度对它寄予厚望，将以它来全面更新现有陈旧落后的海陆空军的导弹装备。近年来印度在各种国际武器装备展览会上频频展出"布拉莫斯"超音速巡航导弹，引起各国业内人士的广泛关注。

研制背景

20 世纪 90 年代，印度政府大力推行海上强军战略，加快了海军现代化建设的步伐，所以急需更新武器装备。为此，印度除了耗巨资购买英国二手航空母舰、俄罗斯 K 级潜艇、隐身护卫舰等新型舰艇外，还积极开发以新型反舰导弹为重点的各类导弹。1995 年 12 月，印度与俄罗斯开始联合研制超音速反舰导弹，后来因研制经费严重不足，未能完成预定型号的研制任务。

"布拉莫斯"超音速巡航导弹

1998 年 2 月，印度国防部研究和发展局与俄罗斯导弹生产和设计商联合体签订了联合研制"布拉莫斯"超音速巡航导弹的谅解备忘录。双方在印度联合组建布拉莫斯航空航天合资公司，决定在俄罗斯“白玛瑙 / 宝石”反舰导弹的基础上，共同研制开发设计代号为 P–J10、名称为“布拉莫斯”的超音速巡航导弹。

独一无二的“神奇”导弹

“布拉莫斯”超音速巡航导弹具有超音速、多弹道的性能特点，其突防能力、抗干扰能力和抗反导拦截能力在国际上处于领先地位，故被印俄媒体大力鼓吹为独一无二的“神奇”导弹。该型导弹采用梭镖式气动布局外形设计，弹身表层涂有印度自行研制生产的雷达吸波涂料，可增强导弹的隐身性能，最大程度地躲避雷达的搜索探测，降低被敌方雷达发现的概率。动力系统采用固体火箭助推器 + 冲压喷气发动机。其新式小型整体式冲压喷气发动机是印度 HAL 公司自行研制的。导弹采用主动雷达 +GPS 和卫星导航制导方式。导弹在飞行末段下降到 10 米左右，贴近海平面并做蛇形机动弹道飞行，以躲避敌方拦截。

硬件元素

“布拉莫斯”导弹弹长 8.1 米，弹径 0.67 米，射程范围 50—350 千米，巡航高度 1.4 万—1.5 万米，飞行速度 2.5—2.8 马赫，末段弹道高度 10—15 米，发射重量 3000 千克（空射型为 2500 千克），弹头重量 200—300 千克。据称，该型导弹是以快制胜，导弹以近 3 倍音速的飞行速度，以及多种飞行弹道攻击目标。这样的性能甚至比显赫一时的美国“战斧”和具有隐身能力的英法“风暴亡灵”巡航导弹有过之而无不及。

小链接：对面的女孩看过来

其实印度之所以这么快速地发展“布拉莫斯”，还是迫于“邻居”的压力。当初面对巴基斯坦巡航导弹咄咄逼人的势头，印度如一个腼腆男孩受到嚣张女孩的挑逗，窘迫而又紧张。印度国防部发现，如果消极地等待无畏巡航导弹研制成功的话，印度恐怕很快就会受到巡航导弹的威胁，开发新式巡航导弹抵消巴基斯坦威慑的任务迫在眉睫。于是，预定用于反舰的“布拉莫斯”导弹就被赶鸭子上架，成了陆攻巡航导弹。2004 年 12 月，印度陆军“布拉莫斯”巡航导弹进行了首次试射，2007 年 3 月再次试射，分别攻击了地面目标，2007 年 6 月交付印度陆军使用。该弹改进了反舰型巡航导弹的导引头，使之能实现对陆地目标的攻击。

2. 斗牛士：美国 MGM-1 巡航导弹

昵称为“斗牛士”的 MGM-1 导弹是美国第一种自行研制的地对地巡航导弹。它的设计类似德国的 V-1 飞弹，但增设了用于修正航线的无线电控制系统。“斗牛士”导弹使用了体积更小的涡轮喷气发动机，取代了 V-1 飞弹笨重低效的脉冲式喷气发动机。在最初服役时，美国空军将其定义为轰炸机，编号 B-61，后改为 TM-61（TM 为战术导弹之意），1963 年在美国国防部的统一命名规则实行后再度改为 MGM-1，共生产约 1200 枚。

服役历史

二次世界大战结束后，美国马丁公司接手了“斗牛士”导弹的发展研制计划。1949 年 1 月 12 日，编号 XSSM-A-1 的样弹在白沙导弹靶场进行了第

MGM-1 导弹

一次试射。由于研发过程中的延误以及意料之外的种种困难，“斗牛士”导弹计划几乎半途而废，胎死腹中。但当年爆发的韩战让美国军方决定迎难而上，继续发展下去。

1953 年 9 月，两枚 B-61 导弹交付给 6555 导弹中队进行适用性测试，可由于仪器以及天气原因，测试被推迟到了 11 月。直到 1953 年末，第一个中队的“斗牛士”导弹才终于部署完毕。1954 年，装备了 W5 核弹头的 B-61A 才正式于柏林比特堡空军基地驻扎的第一无人轰炸机中队中服役。“斗牛士”导弹可使用 2000 磅的常规弹头，至 20 世纪 50 年代末，所有的斗牛十导弹都已经搭载了核弹头。

最后的“斗牛士”导弹于 1962 年退役，前后总共生产了 1200 枚，服役期间更是被部署在世界各地，以应付各种威胁。

制导系统

“斗牛士”导弹通过弹上的无线电系统与岸基雷达站通信进行制导。这种制导系统因其直线通信而受制于地球曲率，有效距离最大只有 400 千米，并且这种无线电通信还很容易被敌方干扰。理论上，导弹可以在飞行过程中交由中继站制导，但在实际操作中很少成功，所以服役的导弹并没有采用类似的手段。1954 年，美国空军开始在 TM-61C 型上装备新式的制导系统，它使用了一个陆基微波发射器，为弹上控制系统提供导航所需的距离和方位角信息。利用此系统全程制导成为可能，制导最大距离达到 1000 千米。

发射组

一个“斗牛士”导弹的发射组包括11名成员：一名军官（军官通常由中尉或者上尉担任）、一名主任技师、两名弹头技师、两名飞控系统技师、两名导航系统技师、两名空气动力和引擎技师（其中一人兼任起重机操作员，另一人操作发射车）以及一名助推火箭技师。

由于“斗牛士”导弹至少在理论上是可机动的，所有的发射设备都被装置在了车上，所以大多数发射组的成员都必须学会驾驶，以方便在机动时轮流驾驶车辆。除了主任技师之外，组员往往是第一个服役期的一等兵或二等兵，但有时也有多个服役期的中士甚至是上士。此外，还有数量相当的制导控制人员和导弹、导航设备以及车辆的维护人员。这就使得后勤人员的数目过多，让一个拥有5个发射组的机动“斗牛士”导弹中队变得臃肿不堪。所以发射中队很快就放弃了机动发射的念头，而采取固定发射地点值勤的方法。

小链接：战术还是战略

以现在的标准看来，“斗牛士”导弹并不是一种精确的武器，导弹落入目标1000米范围之内都被判定为“命中”。尽管这种导弹被分类为一种“战术”武器，但它实际上并没有攻击点目标的能力，所以其目标只可能是一些大型军事设施，如飞机场。并且，导弹的真实目标高度保密，只有发射组中的制导军官掌握着目标信息。这其实很有些“战略”的意味了。

3.“红鸟”家族：中国“红鸟”巡航导弹

中国很早就认识到巡航导弹在未来战场上举足轻重的作用，因此对此类导弹的研制与部署速度一直较快。“红鸟”巡航导弹即中国研制的巡航导弹系列之一，目前已经发展到“红鸟3号”，射程由最初的600千米增加到3000千米。当前中国正在研制“红鸟2000”，射程估计已经达到4000千米，性能可与美国的“战斧”一较高下。

发展历史

20世纪70年代末，中国开始远程导弹的研制，1985年对远程导弹的动力系统——小型涡轮风扇发动机进行了测试并取得了突破性进展。1992年，第一种射程在600千米的巡航导弹正式服役，此导弹被命名为“红鸟1号”，即红鸟-1装备型。但“红鸟1号”只被少量装备部队用于实战测试和训练，并未形成真正的战斗力。1993年“红鸟2号”开始研制，1995年2月24日“红鸟二型”发动机首次试车。1996年8月，“红鸟二型”首发成功。但限于当时没有自己的卫星定位系统和

中国“红鸟”巡航导弹

高精度数字地图系统，“红鸟二型”在战时的精度大打折扣，仍然算不上十分成熟的巡航导弹，所以除了在空军 14 基地有少量测试外，真正实战部署的“红鸟”巡航导弹不超过 50 枚。直到 2004 年 8 月，“红鸟三型”远程战略巡航导弹高精度命中靶标，直中靶心，这才标志着中国真正有了足以与美俄比肩的巡航导弹。

家族成员

HN1，即红鸟 –1 装备型（研制号 01），分为 HN1A 和 HN1B。HN1B 为空射型，装备时间在海湾战争以后；射程 650 千米，可装核战斗部；采用惯性制导 +GPS 修正 + 电子地图 + 电视修正或微光电视制导，重 1.2 吨。H–6D 可配两枚战术巡航，速度 0.75 马赫。

HN2，即红鸟 –2 增程型（研制号 02），射程增至 1800 千米；制导同上，速度 0.9 马赫；重 1.4 吨；有 HN2A 和 HN2B 陆空型。另有 HN2C 潜射型，航程缩短为 1400 千米。1995 年装备军队。

HN3，即红鸟 –3 装备型，射程 3000 千米，速度 0.9 马赫，重 1.8 吨，有陆、空、潜三种型号。1998 年部队验证并少量装备。

HN2000 型：尾段超音速隐形巡航导弹正在研制，射程增加到 4000 千米。外媒猜测中国将把“红鸟”射程增至 8000 千米。

作战辅助系统：陆基型采用红岩军卡底盘、倾斜闭合发射方仓，1995 年开始采用弹射垂直发射系统，可同时发射 4 枚不同任务导弹配合攻击。此垂发系统已在 039A 潜艇上成功应用，并将移植到 091、093 核攻击潜艇上。

“红鸟”巡航导弹的制导系统

“红鸟”系列导弹将台湾与太平洋美军作为假想敌。在此背景下，不可能采用水面无法工作的中段等高线地形匹配系统，也不会采纳 GPS 卫星导航。中国虽然也有自己的“北一代”定位导航卫星，但其仅适用于战略弹道导弹。因此，“红鸟”巡航导弹若要达到“战斧”的高命中率，就必须跨越式发展。于是，中国导弹设计师集中力量开发同类先进的制导技术，在终于成功解决 GLONASS 卫星定位技术之后，确定以中国最成熟的光电末制导技术做终端导引。

中国“红鸟”系列巡航导弹根据作战任务的不同，采用不同的导航技术。如红鸟 -1 装备型 94 式采用电视末制导头，而 94 式夜间型采用了二代微光电视导引头。作为主要在役型号和基型产品的“红鸟二型”也采用这种技术。至于装备型的“东海 10 号”，虽然增加了 GLONASS 卫星定位接收机，但肯定只作为中断辅助修正误差之用，真正末制导仍会采用光电技术。

小链接：“红鸟”巡航导弹残片拍卖

2013 年 6 月 27 号，伦敦一家拍卖行公开拍卖中国反卫星导弹碎片，并以 5.3 万英镑的价格成交，这也是此类军事武器残骸首次出现在全球拍卖交易当中。拍卖行披露，这次拍卖的 5 组导弹残骸都是 2007 年中国进行反卫星导弹试验的遗留物品。这些残片中最大的一块长约 1.3 米，重约 3.6 千克。部分碎片上印有清晰的序列编号。有鉴定专家根据其中一个编号判断，这些残骸来自中国国产“红鸟 3 号”巡航导弹。

4. 名满天下：美国“战斧”巡航导弹

“战斧”巡航导弹是美国研制的一种从敌防御火力圈外投射的纵深打击武器，正式名称为BGM−109巡航导弹。该系列导弹外型尺寸、重量、助推器、发射平台都基本相同，不同之处主要在于弹头、发动机和制导系统。其最大时速891千米，最大高度30千米，陆上平坦地区为60米以下，山地为150米，具有很强的低空突防能力。弹头命中精确度10米，后经改进精确度为1米。因发射的母体不同，发射方式也有所区别。“战斧”导弹能够自陆地、船舰、空中与水面下发射，攻击舰艇或陆上目标，主要用于对严密设防区域的目标实施精确攻击，是美国现役最主要的巡航导弹和远程打击力量之一。

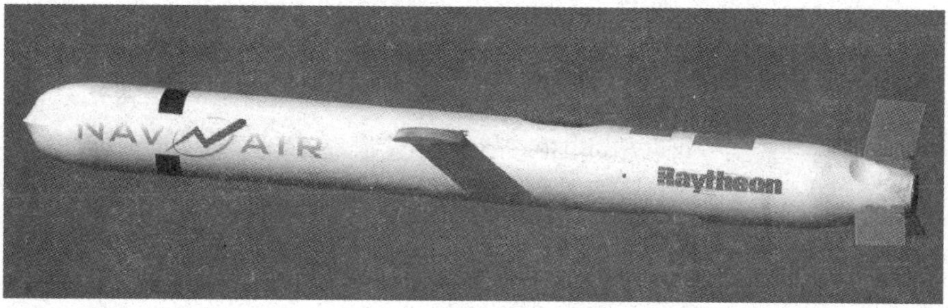

“战斧”巡航导弹

发展背景

20世纪70年代初，随着微电子、小型航空发动机及隐身技术等高科技的进步，巡航导弹得到了足够的技术支持，开始进入新的发展阶段。而美苏签署的限制洲际弹道导弹的“第一阶段限制战略武器条约”又为巡航导弹的发展提供了政治条件。此后，两国不约而同地大力发展巡航导弹，美国“战斧”巡航导弹就在这样的背景下应运而生。

从 1972 年直到如今，“战斧”巡航导弹经历了 5 个研发阶段，发展出了陆基型、潜射型、空射型、舰载型 4 个型号。如今投入使用的有 BlockII、III、C 型（单弹头）、D 型（多弹头）等。

性能特点

“战斧”巡航导弹如今主要服役的是 C 型和 D 型两种，从外表上看，两者似乎并无不同，实质上则差异甚大，C 型属于常规的单一弹头，而 D 型则属于一种常规子弹药弹头（多弹头型）。

“战斧”陆射巡航导弹主发动机采用 F—107—WR—450 涡扇发动机，推力 267 千克，助推器为固体火箭发动机，推力 3110 千克。制导系统为地形匹配制导辅助的惯性导航系统，雷达高度表测高。核战斗部为 W84 小型可调当量核弹头，当量 1 万—5 万吨。

“战斧”巡航导弹在航行中采用惯性制导加地形匹配或卫星全球定位修正制导，可以自动调整高度和速度进行高速攻击。导弹表层有吸收雷达波的涂层，具有隐身飞行性能，是美国军械库中最有威力的“防空区外发射”导弹。这种巡航导弹的射程可以超过 2500 千米。雷达很难探测到飞行的“战斧”导弹，因为这种导弹有着较小的雷达横截面，并且飞行高度较低。

控制与导航

“战斧”巡航导弹在水面舰只和潜艇有着不同的武器控制系统。水面舰只装备有垂直发射系统，而所有的攻击潜艇都是通过鱼雷管来发射导弹的。另外，有些攻击潜艇的前端安装有垂直发射系统，也就是说，在耐压船体之外，它具备装填和发射功能。水面舰只和潜艇的火力控制系统具有通信管理、数据库管理、作战计划制订、发射控制等功能。这些系统为导弹初始化、导弹发射以及环境保护提供导弹和火力控制系统的接合面。

“战斧”巡航导弹在飞行当中会利用地形匹配、数字场景匹配区域关联和全球定位系统导航。执行精确打击任务的“战斧”导弹也可能通过与卫星通信相联的地面站转换其态势，“战斧”导弹执行打击计划的终端机动。“战斧”对地攻击C型导弹能够打击一个单一目标，而“战斧”对地攻击D型导弹能够精确打击一个或多个目标。

小链接：“战斧”巡航导弹的实战

“战斧”巡航导弹在现代战争中可谓出尽风头，似乎到处都可以见到它剽悍的身影。1991年海湾战争中，“战斧”首次亮相。当时美军的主要发射平台是游弋于波斯湾、红海的18艘战舰。其中战列舰2艘，导弹巡洋舰9艘，导弹驱逐舰5艘，攻击型核潜艇2艘，装备4种发射装置，总计43艘，总载弹量477枚。主要目标是伊军指挥控制机构、核生化武器设施、防空阵地、萨达姆地下住地和指挥中心。共发射“战斧”导弹288枚，发射成功282枚，被伊军拦截29枚，占10%。1993年1月17日，美军再次使用“战斧”导弹打击伊拉克核基地，共发射45枚，成功发射44枚，被拦截8枚，占18%。

5. 陆基巡航导弹：中国长剑 -10 巡航导弹

中国长剑 -10 巡航导弹是一款远程巡航导弹，是以美国的 BGM-109G 陆基巡航导弹和苏联的 RK-55Relief 导弹为蓝本研发的。长剑 -10 射程极远，依靠先进的传感器来寻找、识别并定位目标，并通过通信系统向指挥部发送定位信息。长剑 -10 凭借优越的性能可以精确打击陆基航空力量以及后勤、通信等固定地面目标，当与弹道导弹或飞机配合使用时，打击效果更为惊人，有效射程在 1500—2500 千米之间。

研发背景

冷战结束以后，现代化战争的方式发生了重要变化。第一次海湾战争期间，美国对伊拉克首轮攻击便使用了 600 枚“战斧”巡航导弹，其打击之惨重，效果之明显，引起各国政府的重视以及深思。在此背景下，中国也开始了研制远程巡航导弹的征程。长剑 -10 导弹家族便应运而生。长剑 -10 巡航导弹最初立项是为了装备海军岸舰导弹部队，以期在未来的台海冲突中实现阻止美日介入的目的，所以命

长剑 -10 巡航导弹

名为“东海 –10”。后来因技术原因而调整了技术指标，转而以陆基巡航导弹为主要发展方向，故改名为“长剑 –10”。这也是很多的长剑陆基巡航导弹上标有 DH10 的原因。

技术特点

长剑 –10 的弹体设计参考了国际先进技术，其外形仿佛俄罗斯 Kh–55 和美国“战斧”巡航导弹的混合体，前段和中段类似 Kh–55，采用两片可以折叠的主弹翼；后部则与“战斧”在弹体下方布置发动机进气口的设计相同，喷口附近亦装有呈十字形的 4 片折叠尾翼。长剑 –10 的长度介于 RK–55（Kh–55 的陆基型号）和 BGM–109G（“战斧”早期型）之间，约 6.5 米，弹体直径 0.52 米，发射重量约 1.8 吨，射程 2500 千米。

命中精度是衡量巡航导弹性能的关键指标。考虑到中国长剑 –10 导弹的数量较少，要确保“一击制敌”，打击精度的重要性更显突出。为此，中国导弹专家们殚精竭虑，贡献出了自己的智慧。如今，经过长途飞行的长剑 –10 导弹已经可以直接命中目标建筑正中央的十字靶心，其打击精度令人惊叹。

远程打击

长剑 –10 超长的射程使得中国拥有在近岸打击第一岛链之内所有目标的能力，第二岛链内的有价值的军事目标也在其打击范围之内。如果长剑 –10 被部署在中国东北，将能够覆盖日本所有有价值的目标。

此外，外界推测长剑 10 为一款高亚音速巡航导弹，因为其弹体结构并不适合超音速飞行，燃料储存量也有限。这意味着该弹无法凭借高速度增加对手的拦截难度，而是更倾向于通过机动、欺骗与隐身等方式实现突防。总体而言，特别是在射程和精度等关键指标上，长剑 –10 的性能堪与美国在利比亚战事中广泛投入的第四代“战斧”导弹媲美。

小链接：长剑-10巡航导弹的组合拳

中国在能够利用二代“北斗”系统进行中段制导之后，长剑-10巡航导弹已能完成跨海远距奔袭任务，可以对远海目标（如岛屿基地或移动的船只）实施突击。而且，通过巡航导弹和弹道导弹的巧妙搭配，利用两者迥然不同的飞行方式，打击成功率大大地提升了。此外，如果借助二代“北斗”系统对长剑-10的航路进行先期规划，则可以对目标进行多方位攻击，若再配合弹道导弹实施“一高一低”的混合战法，则如拳击手凶猛的组合拳，更能令某些国家的战区导弹防御系统应接不暇。

6. 美国“爱国者”：MIM-104防空导弹

MIM-104是美国陆军研制的最新一代全天候、全空域防空导弹武器系统，1967年开始研制，1970年试射，1985年装备部队。MIM-104能在电子干扰环境下拦截高、中、低空来袭的飞航式空袭兵器，如飞机或巡航导弹，也能拦截地对地战术导弹。其“爱国者”的绰号则是在海湾战争中获得，此战中MIM-104首次使用就击落无数伊拉克的“飞毛腿”战术导弹，其防空、反导能力备受瞩目，此后广为人知，并冠以“爱国者”美名，成为美国的代表性武器之一。

简历

MIM-104 防空导弹

MIM-104 导弹孕育于 20 世纪 60 年代，1976 年起开始向中程防空用途发展，并于 1984 年成军。1988 年，它被改良成“爱国者”增强型，适用于更为严峻的反弹道导弹作战。1991 年，MIM-104 参战海湾并一举成名。海湾战争后，“爱国者”导弹出口量大增，“爱国者”2 型和 3 型被销售到以色列、德国、荷兰、比利时、日本、波兰等国家或地区。2012 年 12 月 4 日，北约批准土耳其部署“爱国者”导弹系统。

技术特点

MIM-104 系统包括 8 具二合一的运输—发射器，装备 32 枚导弹。这些导弹以四枚一组装载在 M901 发射装置之内，由 M860 半挂卡车运载。伴随着导弹的是由一辆半挂卡车独立运载的 MSQ-104 作战指挥站。PAC-2 和之前的导弹使用导弹跟踪与指挥导引作为中途导引方式，终端以半主动雷达导引。PAC-3 则是以中途惯性导引加上终端主动雷达导引。其主要性能特点为：

1. 能对付多目标，具备一定的抗毁和攻击能力。一个导弹火力单元可同时监视 100 个目标，用 8 枚导弹即可拦截数十倍于自身的目标。

2. 自动化程度高，一部相控阵雷达可以完成目标搜索、探测、跟踪、识别以及导弹的跟踪制导和反干扰任务，射击反应时间仅为 15 秒。

3. 机动能力强，一个“爱国者”（含 20 枚导弹）的火力单元，只需 8 辆运输车，并且可以空运。而一般的导弹单元比如“霍克”导弹则需 23 辆运输车。

4. 战斗部威力大。战斗部为 91 千克高爆炸药，单块破片为 45.6 克，向前方以 10 度飞散角迎击，有效毁伤半径 20 米。

5. 作战范围广，飞行速度快。可拦截 60—3000 米高度以上、8 万米距离内的飞机、巡航导弹、地对地战术导弹等。

6. 抗干扰能力强。雷达采用电扫描，方向图有 32 种位态，变化多，敌机难以对雷达定位，弹上装有反雷达导弹诱饵，系统的抗电子干扰能力比“霍克”提高了 10 倍。

MIM-104 进阶型（PAC-3）的神技：命中—摧毁

PAC-3 是 MIM-104 的进阶型，进一步改进了战斗部和引信，提高了雷达发射功率，加大了搜索范围，增大了发动机推力，并加装主动式雷达导引头等，从而使之在对付战斗导弹和巡航导弹的作战效能方面大为提高。PAC-3 导弹上装备的是波音公司开发的新型 Ka 波段毫米波引导头。该导弹的制导系统使导弹能够利用对头命中目标时产生的动能来击毁目标，因而被誉为“命中—摧毁”神技，虽略有过誉，但其打击精度的确有过人之处。

小链接：“爱国者”成功率受争议

美国陆军声称，“爱国者”在沙特阿拉伯和以色列的初始成功率分别为 80% 和 50%，但随后又修订为 70% 及 40%。

1992 年 4 月，来自麻省理工学院和特拉维夫大学的两名教授在美国众议院委员会上作证时表示，根据他们的独立分析，爱国者系统的成功率（飞毛腿导弹被摧毁或被击中后偏离至无人地区的百分比）低于 10%，甚至可能为 0%。同一天，来自哈佛大学和国际战略研究中心的两名专家对他们的研究提出质疑。按照后者的观点，标准接战准则是以平均四枚爱国者导弹拦截一枚飞毛腿导弹，在沙特阿拉伯则平均发射三枚导弹。如果所有的飞毛腿导弹都被击落了或被偏离至无人地区，则成功率为 100%，但是准确度只会分别是 25% 及 33%。成功率为 100%，而准确度较低，是因为“爱国者”在对付“飞毛腿”时，通常只能击中其尾部，而不是它的弹头。

7. 阿富汗战争中的幽灵：美国“毒刺”防空导弹

“毒刺”防空导弹是美国研制的第二代单兵近程防空导弹，也译作“尾刺”，主要用于战地前沿或要地的低空防御。1967 年研制成功，1979 年装备部队。型号有 FIM−92A（基型）、FIM−92B 和 FIM−92C（改进型）三种。“毒刺”是西方标准的单兵便携式防空导弹，被世界许多国家广泛使用。

研制背景

1971 年，美国陆军选择了第一代肩射式防空导弹“红眼睛”II 作为未来便携式防空导弹的发展基型，代号为 FIM−92。1972 年 3 月，“红眼睛”II 被重新命名为“毒刺”，正式成为美军第二代便携式防空导弹。“毒刺”具备更灵敏的导引头以及更好的动力学性能，并增加了迎头交战能力和一个综合“敌我识别”系统。

1973 年 11 月，“毒刺”XFIM−92A 开始制导测试，但因技术问题而延误。1974 年制导测试在白沙导弹靶场进行，仍然发现存在许多问题，这让美国陆军司令部不得不考虑发展一套“毒刺”预备系统。不久，研发部采用一个可重复使用的激光装置附件，装配到发射装置上当作制导系统，才算最终解决了问题。从 1971 年到 2001 年，生产的所有型号“毒刺”总数超过 7 万枚。目前最先进的生产型号是“毒刺”-RMP Block I 导弹。

系统与功能

“毒刺”与其母本——第一代 FIM-43“红眼睛”相比有两个优势：一是采用第二代冷却锥形扫描红外自动导引弹头，提供全方位探测和自导引，具备“射后不理”能力，因此往往在敌机投放短程弹药或开始地面扫射之前即可予以迎头痛击；二是安装了一套“敌我识别”系统，当敌友双方的飞机同时在一个空域中飞行时，这套系统便可以展示出明显的优势。

美国肩射防空系统武器应实战需求而设计，不断在理论与实践之中磨合，从而获得飞速发展。为对抗战场上新出现的高速喷气式战机，“红眼睛”导弹应运而生，开创了一种全新武器种类。而新一代“毒刺”导弹发展过程也是和目标对抗手段发展的过程，从抗干扰到打击超低空小型目标，再到借助防空预警雷达融入战场防空网络，承担了低高度防空重任。单兵肩射防空武器居然能够和各种低空飞行的飞机对抗，这对于一些二战的老兵来说十分不可思议，甚至可以说非常有戏剧性。“毒刺”导弹系统充分扩展了单兵作战能力，已经成为世界武器发展中的经典。

美军部署

“毒刺”在陆军的部署：每个美国陆军装甲师、机械化师、轻步兵师、空降师和空中突击师的防空火炮营都有一个“毒刺”排。空降师和空中攻击师每个“毒刺”排各自拥有四个班。其中三个班每个拥有五个两人“毒刺”发射组，第四班只有三个发射组，一个师总数为 72 个发射组。机械化师有 86

个发射组。装甲师的发射组数目被减少到 60，而轻步兵师只有 40 个发射组。

“毒刺”在海军的部署：美国海军搭乘在舰艇上的“毒刺”发射组主要用于近距离防御小型飞机和非常小的水面艇，支持舰艇在高威胁区域近防。通常情况下由两个“毒刺”发射组联合作战，一个部署在敞开的圆形底座型支架上，另一个承担目标定位器作用，使用舰艇上的内部通信网络传送信息。同时，“毒刺”也是美国海军舰队特种部队巡逻艇上的主要防空武器。

“毒刺”在空军的部署：美国空军可能在航空宪兵队中部署一些“毒刺”，以承担便携式防空导弹的角色，保卫在阿拉伯半岛和亚洲韩国的一些空军基地及重要地点。

小链接：“毒刺”的实战

阿富汗战争中，苏联利用自己武器装备的优势（米 -24）几乎将阿富汗游击队赶尽杀绝。在美国的帮助下，阿富汗游击队拥有了“毒刺”导弹并对苏联武装直升机进行强力的有效反击。从 1986 年到 1988 年，据估计美国向阿富汗塔利班组织秘密提供了 900—1200 枚“毒刺”导弹系统。阿富汗塔利班组织组织出色地使用“毒刺”导弹系统进行作战，击落了 250 架苏联固定翼飞机和直升飞机。尽管只经过有限的训练，但塔利班组织使用“毒刺”导弹的战斗成功率超过 80%，几乎让苏联武装直升机有去无回。

8. 红旗家族：中国“红旗”系列防空导弹

“红旗”系列防空导弹是中国地空防空导弹的主体。自从1965年“红旗1号”防空导弹仿制成功开始，从最初的红旗1号、2号、3号，发展到后来的红旗6号和7号，再到目前外刊报道的新型红旗15号、17号、18号等，红旗系列防空导弹涵盖了中远程、中高空到近程超低空的火力范围，已经形成一个庞大的家族，并构成了中国地空防空导弹的主体，担负着中国防空的重任。

家族的长子

1960年8月，国内发生了严重困难，而就在此时，苏联停止了对中国的工业援助，撤走了所有专家。时任中央军委副主席的聂荣臻当即指示，要自力更生，发挥中国专家的作用，把导弹仿制出来。于是，以一机部为主，国防部五院协同，“红旗1号”的仿制工作全面展开。

红旗－26导弹

“红旗1号”导弹系统的原型是苏制“斯－75”型地空导弹武器系统。它由导弹、制导站、发射架和地面支援设备等组成。导弹动力装置由固体火箭发动机和液体火箭发动机两级组成，拦截目标高度为3—22千米，斜距为12—29千米。它是20世纪50年代中期世界上较先进的防空导弹武器系统，主要用于攻击高空、高速飞机和飞航式导弹。翌年2月，中国广大科技人员众志成城，在认真熟悉、消化、使用维护资料和工艺图纸的基础上，攻克了导弹总体、控制系统、制导站等共47项设计课题，写出了技术报告和总结，搞清了苏制导弹的总体设计参数选择、气动布局、强度计算以及各分系统设计等方面的问题。1966年，仿制获得成功，“红旗”家族长子正式诞生。

家族成员

1965年，根据中国防空领域的格局变化，“红旗2号”防空导弹的研制开始。在“红旗1号”的基础上扩大杀伤空域，提高抗干扰能力，改善战斗使用性能等。1967年6月27日，“红旗2号”定型投产，随即装备部队。在国土防空作战中，“红旗2号”一度大显身手，击落过3架无人驾驶高空侦察机和1架米格-21战斗机。“红旗2号”的研制成功及其在防空作战中取得的辉煌战果，标志着我国防空导弹的发展已由单纯的仿制走向自行研制的道路。

“红旗2号”防空导弹的改进和发展型则为“红旗3号”地空导弹，该型号改进了推进部和制导系统，二者在设计上有继承性，外形类似。研制“红旗3号”之时，中国还研发了全新设计的“红旗4号”地空导弹，但因技术跨度大而最终被迫终止。

随后，中国与时俱进，陆续研制出红旗4、5、6、7、9、10、12、15、16、17、18、19等十几个型号的防空导弹，直到如今的红旗-26。

神秘的红旗-26防空导弹

因军事应有的保密性，红旗-26舰载反导系统的性能数据并没有公开，对该型导弹的分析只能从红旗-16导弹性能来入手，因为其是红旗-26发展的基础。这其实也意味着中国中程防空导弹正由第三代向第四代迈进。

事实上，中国海军水面舰队防空作战一直就是海军舰艇武器系统中的软肋。中国海军从 20 世纪 60 年代开始进行舰空导弹的研制工作，在研制成功海基防空导弹红旗 −16 之前，中国海军装备舰艇的防空导弹可以说都是倾斜发射的传统型号，直到 054A 型导弹护卫舰服役，这种局面才得到改变。

红旗 −16 导弹可从与舰船甲板等高的垂直存储 / 发射单元中发射，是中国海军首先采用的垂直发射的中近程舰空导弹，其快速反应能力远高于当前采用旋转发射架的俄制“无风 1”型导弹，无论是对付掠海来袭还是高空高速来袭的目标都游刃有余。而作为红旗 −16 的进阶型，红旗 −26 的威力自然不用多说。

小链接：红旗 −26 防空导弹让美国刮目相看

中国海军在拥有国产的宙斯盾系统以及红旗 −9、红旗 −16 和红旗 −26 系列舰载反导导弹后，已经构建出由中程舰空导弹、中近程航空导弹、近防速射炮组成的比较完整的海军舰队远、中、近区域防空体系，这为中国海军走入深蓝提供了一个良好的开端，也显示了中国反导能力的大幅提升。在美国强化亚太反导系统，中日钓鱼岛争端明显，朝鲜拥核的当下，因红旗 −26 的出现，美国不得不重新审视其对中国的反导包围战略，难怪美国卡内基和平基金会的核政策专家罗拉 · 萨尔曼表示，美国应尽快与中国针对反导系统的发展进行平等对话。

9. 导弹界的“阿尔法”：俄罗斯“俱乐部”反舰导弹

“俱乐部”导弹是俄罗斯的一种反舰利器。而关于其“俱乐部”的称谓，可以说是众说纷纭。其英文名称是 Club，即“俱乐部”之意，有时也称 Klub（音译为“克卢布”）、Biryuza、Alpha/Alfa（音译为“阿尔法”），美国编号为 SS－N－27。“俱乐部”导弹系统在20世纪90年代初首次露面，当时有3种叫法：P-10“阿尔法”、AFM-L 和 KS-127。1999 年，当俄罗斯革新家设计局开始对外销售这种导弹时，人们才首次在公开场合见到该导弹被称为 3M54。

研制背景

第二次世界大战结束后，以苏联和美国为首的东西方阵营很快便因价值取向不同而进入冷战状态。苏联军方早就看出了以美国为首的西方国家航母编队对苏联及东方阵营的巨大威胁，与当时美国及其盟国强大的海上力量相比，苏联当时的海军力量确实过于弱小。如果西方国家将其强大的航

“俱乐部”反舰导弹

母舰队逼近到苏联海岸附近进行威慑，以当时苏联陆军为主、空军为辅的军事力量来看，将很难对美军构成有效反击威胁。因此，苏联除了极力发展陆基弹道导弹应对西方国家的战略威慑外，还加大力度发展本国的陆、海、空基反舰导弹，以求遏制西方国家对苏联海岸和海军的严重威胁。数十年来，在苏联／俄罗斯科研机构和军工企业的努力下，俄军已建立起一整套比较完善的反舰导弹体系，并开发出一大批性能先进、威力巨大的反舰导弹。“俱乐部”反舰导弹即是其中比较著名的一种。

性能

“俱乐部”3M－54A 空基反舰导弹能在任何天气情况下对敌单个水面目标或集群目标实施攻击，其电子战和抗干扰能力非常强。两型导弹的飞行路线比较灵活，可根据敌目标的类型和防空火力的强弱选择合适的飞行路线。在飞行过程中，导弹可采取多种措施应对敌反制手段，如低空飞行、在助推段保持无线电静默、雷达主动制导等等。

“俱乐部”3M−54A 是一种三级反舰导弹。该导弹的飞行轨迹包括固体燃料助推段、亚音速低飞段和超音速低飞末段。导弹依靠涡轮喷气发动机以亚音速完成其大部分飞行，在末段，发动机与战斗部分离，再靠一台固体火箭助推器做超音速飞行，打击目标时的速度高达 1000 米／秒。

小链接：“俱乐部”反舰导弹的伪装

“俱乐部”导弹原为苏联海军装备的一款多功能模块式导弹，可装备潜艇、战舰甚至是陆上机动平台，射程近 300 千米，可选装两种反舰弹头、两种反潜弹头或是一种陆攻弹头。由于采用垂直—竖起发射模式，该导弹可以伪装成集装箱，达到出其不意的攻击效果。对于拥有较为完善反导网的美国和以色列来说，类似于“飞毛腿”的弹道导弹或许不足为惧，但要对付隐蔽性好、突防能力强的“俱乐部”，却是令人头痛的问题。

10. 沙漠风暴：“飞毛腿”导弹搅局海湾战争

“飞毛腿”这个名称是从北约代号为SS-1得来的，是西方的情报局将“飞毛腿”这个词与导弹联系了起来。“飞毛腿”导弹是指苏联在冷战时期开发出来的一种战术弹道导弹。这个名字其实是一种泛称，任何国家根据苏联原型研制出的导弹，都可以“飞毛腿”称之。

发展简史

“飞毛腿”导弹的俄文名字是R-11（第一个版本）和R-300Elbrus（后来的一个版本）。R-11采用了德国的V-2技术，但它青出于蓝而胜于蓝，是一个全新的设计。后来发展的变种有1961年的R-300Elbrus/SS-1c飞毛腿Scud-B和1965年的SS-1d飞毛腿Scud-C，这两种都可以携带

“飞毛腿”导弹

5—80 千吨的常规高爆核武器或化学武器（VX）弹头。20 世纪 80 年代研发的飞毛腿 Scud-D 变体可以携带一个常规高爆弹头、一个燃料空气弹（fuel-airexplosive）的弹头、40 个机场路道破坏弹或者 100 个 5 千克的小炸弹。

至于海湾战争中所使用的“飞毛腿”导弹，则是苏联于 20 世纪 50 年代研制的一种近程地地战术弹道导弹，是德国 V-2 导弹的仿制品。伊拉克随后对其做了改装，发展了四种改型：飞毛腿导弹（Scud）、远程飞毛腿导弹（longer-range Scud 或 Scud LR）、侯赛因（Al Hussein）和阿巴斯（Al Abbas）。

元素与辅助设备

“飞毛腿”导弹弹长 11.164 米，弹径 0.88 米，翼展 1.81 米，起飞重量 5.9 吨，推进剂（偏二甲肼和红烟硝酸）重 3.7 吨，弹头重 1 吨，可装 860 千克炸药，杀伤半径约 150 米。导弹采用惯性制导，最大射程 300 千米，最大速度 1500 米 / 秒。弹头类型为常规弹头或化学、核弹头。圆概率误差：射程为 300 千米时约 300 米。

“飞毛腿”导弹武器系统包括导弹和地面设备两大部分，地面设备主要有运输、起竖、发射三用车。此外，还有大量地面测量车、指挥车、电源车、推进剂加注车、测试车、消防车等。“飞毛腿”导弹主要用于打击敌方机场、导弹发射场、指挥中心、军事设施、兵力集结地、交通枢纽等。它可以在预先测定的发射点上实施定点发射，即固定发射阵地，这样准备时间可短些。

车队进入发射阵地，不计算车辆展开时间，从预测阵地、起竖、加注、检查、撤收车辆到点火发射，最顺利需要 45 分钟。也可在未经测量的发射阵地上实施机动发射，但准备时间较长，需要 1—1.5 小时。

萨达姆的撒手锏

1991 年 1 月 17 日，巴格达时间凌晨 2 时 40 分左右，以美国为首的驻海湾多国部队向伊拉克发动了代号为“沙漠风暴行动”的大规模空袭。从美国的各种军舰以及沙特阿拉伯的陆地上，数以百计的飞机和巡航导弹飞向北方和西方，袭击伊、科境内的轰炸目标。一时之间，巴格达火光冲天、声震大地。伊拉克则用导弹予以还击，一场现代化的战争爆发。作为侵略者的伊拉克，以苏制武器装备与美国武器装备进行大规模直接对抗，最终虽然战败，但其“飞毛腿”系列移动式战役战术导弹系统却让美军吃尽了苦头，被美军称为“萨达姆的撒手锏”，“飞毛腿”从此名声大噪。美军痛定思痛，随后在其军事学说和实战中进行专项改进，但至今仍无法高效应对移动式导弹系统的挑战。

小链接：“飞毛腿”造成“最黑暗的时刻”

在震惊世界的海湾战争中，伊拉克用苏制“飞毛腿”导弹频频攻击以色列和沙特阿拉伯，引起世界各国的强烈反响。直到战争结束前几小时，一枚“飞毛腿”导弹还击中了美军的一个餐厅，造成数十名士兵伤亡。美军称这是战争期间遭受的最大伤亡，是“最黑暗的时刻”。

11. 中国“飞鱼”：中国“鹰击”系列反舰导弹

鹰击 8/83 系列反舰导弹是一种通用导弹，可以从空中、舰艇、陆地和潜艇发射，现在中国海军多数水面战舰都装备该导弹。该系列反舰导弹体积小，威力大，采用亚音速掠海飞行发动攻击。最新的“鹰击 83”导弹，在制导方式和发动机技术上处于国际先进水平。

研制背景

反舰导弹自问世以来，便备受各国尤其是小国家的喜爱，一是它在战争中表现良好，二是它相对家族的其他成员来说显得“娇小玲珑”，造价比较低廉。20 世纪 60 年代中东战争中，埃及海军以苏制“冥河”舰舰导弹击沉以色列海军主力舰“埃拉特”号的精彩战例，让西方海军界发出“未来海战模式将发生本质变化”的惊呼。20 世纪 80 年代初英阿马尔维纳斯（福克兰）群岛战争中，阿根廷海军航空兵出动“超级军旗”攻击机携带法制 AM-39“飞鱼”空舰导弹，其由于体积小，便于掠海飞行躲避英国皇家海军舰载雷达探测，故而大显神威，区区数枚就令英国皇家海军损失惨重。

中国国防科研机构在“飞鱼”研发出来后不久就开始跟踪其技术发展，至 20 世纪 70 年代最后一年，“中国飞鱼”“鹰击 -8”反舰导弹首次飞行试验成功。此后经过数年的艰苦试验、精益求精，其最终于 1984 年 10 月 1 日在国庆 35 周年阅兵式上正式亮相，并装备于海军 053H2G 型 535、536 舰上。其后又发展出射程为70千米的增程型号——“鹰击8A”与“歼轰-7”战斗轰炸机配套的空射型“鹰击81”，以及039型常规柴电潜艇配套的潜射型“鹰击82”等系列型号，形成一个庞大的家族。

功能及构造

中国在1970年末研制的“鹰击-8”反舰导弹采用正常式气动外形布局，4片前缘后掠的切梢三角形大弹翼位于弹体中部，4片前缘后掠的切梢三角形控制舵面位于弹体尾部，弹翼和舵面呈“X”形配置，位于同一平面，弹体下部装有流线型腹鳍。导弹从前向后分别为雷达舱、驾驶仪舱、固体火箭发动机、尾舱和助推器。

增程弹“鹰击8A”改进了双推力固体火箭发动机，其弹翼可折叠，首装于代号053H2537的巡洋舰。空射型“鹰击81”去掉了火箭助推器，潜射型“鹰击82”则增加了潜航运载器，并采用了与UGM-84相同的干式出水发射技术。舰舰型导弹射程8—40千米，空舰型导弹射程10—50千米，平飞高度20—30米，平飞速度0.9马赫，导弹可靠性80%，命中概率90%，命中一发可使3000吨级驱逐舰遭受重创或丧失战斗力。

“鹰击-8”具备重量轻（全重仅815千克）、体积小（全长5.814米）、使用维护简便等特点。其制导方式是自控加自导，末制导单脉冲雷达体制，抗干扰性比较强。同时，发射后其搭载平台可迅速转移到安全区域，生存能力得以提高。

“鹰击-8”采用高精度无线电高度表，可掠海巡航飞行，不易被发现，故攻击隐蔽、空防能力强。半穿甲爆破型的（重约165千克）可以轻松穿入船舷，并在舱内爆炸，威力极大。箱式发射装置既可贮运，又可发射，且可以重复使用，无须瞄准，能进行扇面发射。

“鹰击 83”（C-803）威慑美国

外媒称，中国发展“鹰击 83”超音速导弹只是一个跳板，中国海军希望以此为契机引进俄罗斯“红宝石”系列反舰导弹，继而自行研制下一代“鹰击 -12”反舰导弹。美国军事专家向五角大楼提出警告说，若中国从俄罗斯引进“现代”级驱逐舰，并以“鹰击 83”导弹大量装备部队，不仅将使台湾海峡两岸军力态势严重失衡，而且将会使美国海军航空母舰以及其他水面舰艇受到致命威胁。专家指出，如果“鹰击 83”导弹被装配在俄制 SU-30MK 战机或是升级的“歼轰 7A”型战机上，将会使攻击的角度更加有利，导弹突防的效果也大为增强，而射程不及“鹰击 83”的美国“标准Ⅱ”型防空导弹和台湾海军的“基德”驱逐舰到时恐怕会束手无策，只能被动挨打了。

小链接：巨无霸难敌小飞鱼

航空母舰是目前海上武器库中的“巨无霸”，但同时也因体积庞大、机动不便而容易遭受飞机、潜艇和反舰导弹的攻击。尽管航空母舰战斗群拥有很大的警戒范围和多层的导弹防御系统，但就其目前的技术水平来看，尚难以真正有效地对付导弹攻击。特别是现代先进的反舰导弹的射程都在 100 千米以上，速度很快，在其射程内对手根本没有足够的反应时间，因而也就很难拦截。

12. 角逐福克兰战争：法国“飞鱼”反舰导弹

“飞鱼”亚声速近程掠海飞行导弹是法国海军的制式装备，分舰射型、空射型、岸射型和潜射型，是当前世界销量最大、应用范围最广、实战使用最多的一种反舰导弹。1982年的福克兰之战、1981—1987年的两伊战争和1991年的海湾战争中都使用了这种导弹，战绩显著。

简历

代号AM-39的“飞鱼”反舰导弹是在法国MM38舰对舰导弹的基础上研制的，1970年设计研发，1978年定型投产，随后开始交付使用，至今已生产2000多枚。这种反舰导弹以体积小、重量轻、精度高、掠海飞行能力强著称，并具有发射后不管和全天候作战的优势。装备于法国军队的“超军旗”、“超美洲豹”、“幻影”50、F.1、2000攻击机、“大西洋”海上巡逻机、“超黄蜂”、“海王”武装直升机等，攻击目标主要是水面舰船。AM-39导弹除装备法国军队外，还向阿根廷、伊拉克、卡塔尔、印度、南非等10多个国家出口，并多次参与局部战争。

飞鱼反舰导弹

飞鱼反舰导弹布局

“飞鱼”导弹采用典型正常式气动布局，四个弹翼和舱面按“X”形配置在弹身的中部和尾部；整个导弹由导引头、前设备舱、战斗部、主发动机、助报器、后设备舱、弹翼和舵面组成。AM-39导弹弹身呈锥头圆形，弹翼为梯形悬臂式；全弹总长4.7米，弹径0.35米，翼展1.1米；导弹发射总重为652千克。“飞鱼”导弹的动力系统包含两部分：主发动机为一台端面燃烧的固体火箭发动机，总重170千克，工作时间150秒，平均推力2.4千牛，可使导弹的巡航速度保持在0.9个马赫数；助推器是一台侧面燃烧药柱的固体火箭发动机，重达80千克，工作时间2.5秒，平均推力74千牛，可把导弹迅速加速到超音速，而后在主发动机作用下以巡航速度飞行。两台发动机同时工作，可使导弹最大射程达70千米。

性能

该弹采用惯性加主动雷达寻的制导系统：惯性制导部分包括垂直与航向陀螺、无线电高度表、加速度表、模拟计算机以及指令发生和距离计算装置，可使导弹在弹道中段按预定程序飞行；主动雷达寻的部分是一个主动式单脉冲雷达自动导引头，由变态卡塞格伦天线、接收与发射机、角跟踪器、测距电路及电源等组成，用于导弹的末段制导，截获目标概率在99%以上。AM-39导弹选择带冲击效应的聚能穿甲爆破型战斗部，同时兼有破片杀伤能力。战斗部上装有延时触发引信与利导引头控制的近炸引信，带有机械、惯性和气压三级保险装置，从而可保证战斗部适时解除保险准时爆炸。整个战斗部重160千克，装高炸药40千克，能穿透12毫米厚的钢板。

小链接："飞鱼"角逐福克兰战争

20世纪80年代初英阿马尔维纳斯（福克兰）群岛战争中，阿根廷海军航空兵出动"超级军旗"攻击机携带法制AM-39"飞鱼"空舰导弹，由于该弹体积小、能掠海飞行躲避英国皇家海军舰载雷达探测，故而小试锋芒即令英国皇家海军损失惨重。"飞鱼"导弹摧毁的舰艇包括当时其最新型防空驱逐舰"谢菲尔德"号，以及众多主战舰艇、运送机降登陆用的"支奴干"直升机，还有"大西洋运送者"号集装箱军辅船等都沉入海底。若非当时阿方战前储备有限，而开战后又受到法方制裁而无法补充，这场战争的进程恐怕还得延长甚至逆转。此后，一战成名的AM-39"飞鱼"除了在国际军火市场上出尽风头外，其技战术理念也广为各国海军推崇。"飞鱼"导弹使用的超低空掠海飞行的攻击方式，已普遍运用到现今的反舰导弹中。

13. 对雷达最有效的武器：美国"哈姆"反辐射导弹

反辐射导弹又称反雷达导弹，是指利用敌方雷达的电磁辐射进行导引，从而摧毁敌方雷达及其载体的导弹。在电子对抗中，它是对雷达硬杀伤最有效的武器。"哈姆"便是美国海、空军现装备的主要空射反辐射导弹，分A、B、C三种型号，采用惯性加被动雷达寻的制导方式，配高爆预制破片杀伤战斗部。该导弹在1986年4月的美国和利比亚冲突中首次实战使用。

“哈姆”反辐射导弹

发展历史

1972年，美国空军和海军联合开始了“高速反辐射导弹”的研制，此计划英文为HARM，中国根据英语缩写的音译称之为“哈姆”。“哈姆”在1975年8月开始飞行试验，1980年11月基本型AGM-88A投入小批量生产，1983年3月批准投入全速率生产阶段（生产率每个月210枚），同年5月开始服役。

“哈姆”在1993年早期型停产时总数量约1.94万枚，1999年AGM-88C停产时总产量约2.13万枚，平均单价约28.8万美元。

核心技术

“哈姆”的气动布局为“鸭”式，弹体中部布置4片双三角形的切尖控制舵，尾部有4片前缘后掠的梯形尾翼。导弹从头部开始依次为导引头舱、战斗部舱、飞行控制舱与发动机舱。导引头舱内有宽频带被动雷达导引头，由1个天线阵列、10个微波集成电路插件和1个射频信号数字处理机组成。固定式的天线阵列足以覆盖大多数防空雷达的工作频段，而数字处理机的软件可以进行重新编程。

“哈姆”的战斗部是高爆炸药预制破片杀伤型，是在“百舌鸟”战斗部的基础上改进发展的，重约66千克。装药由FMU-111激光近炸引信在计算确定的最佳高度上引爆，破片的飞散方向图是特别针对雷达目标设计的。

飞行控制系统包括捷联式惯性导航装置、数字式自动驾驶仪和机电控制舵机。由于采用了惯导装置，即使在飞行过程中敌方雷达关机，“哈姆”仍然能够按计算的飞行弹道，采用比例导引的方式飞向目标。导弹的动力装置是无烟、高速、双推力固体火箭发动机，全重 127 千克，采用高能量密度的无铝 HTPB 推进剂。

“哈姆”的低空最大射程 25 千米，高空最大射程 80 千米，最大速度马赫数 2.9，最大使用高度 12.2 千米，全弹重 366 千克。

三种攻击方式

1. 自卫方式：这是“哈姆”的基本攻击方式。载机上的雷达告警接收机探测到辐射源信号后，由机载发射指令计算机对辐射源目标进行分类、威胁判断和攻击排序，然后向导弹发出数字指令，将确定的重点目标的有关参数装入导弹并显示给飞行员，只要目标进入导弹射程就可以发射导弹（不管目标是否在导弹导引头视场内），且导弹会在数字式自动驾驶仪控制下按预定的弹道飞行，以确保导弹导引头能截获目标。这种方式属于“发射后锁定”方式。

2. 预置方式：向已知辐射源目标的位置发射导弹，也是一种“发射后锁定”方式。导弹导引头按照预定程序搜索、识别、分类探测到的所有辐射源，自动锁定到预先确定的目标上，并对其进行跟踪直至摧毁。如果导弹无法命中目标，导弹战斗部内的自毁装置将使导弹自炸以实现保密。

3. 随遇方式：载机飞行过程中导弹导引头处于工作状态，利用它比一般雷达告警接收机高得多的灵敏度对辐射源进行探测、定位和识别，并向飞行员显示相关信息，由飞行员瞄准威胁最大的目标发射导弹。这种方式属于“发射前锁定”方式，这种方式下发现目标的机会受到导引头视场的限制。

小链接：“哈姆”反辐射导弹的实战

1986 年，美军在对利比亚作战中首次使用“哈姆”反辐射导弹。在号称 3 月的“草原烈火”以及 4 月的“黄金峡谷”战役中，至少击毁了利比亚 5 部防空雷达。在 1991 年的“沙漠风暴”行动中，美军发射“哈姆”2000 多枚，压制并摧毁了伊拉克几乎所有开机地面雷达，为多国部队夺取伊拉克的制空权提供了强有力的保障。1998 年 12 月 17—20 日的“沙漠之狐”行动中，美国海军和海军陆战队的战斗机又对伊拉克发射了超过 80 枚的“哈姆”。在 1999 年 3 月 24 日—6 月 10 日轰炸科索沃的“联盟力量”行动中,“哈姆”不甘寂寞，频频出手，并多次随机“惩罚”伊拉克雷达对“禁飞区”上空美军战斗机的挑衅。

14. 发射后不用管：美国“标枪”便携式反坦克导弹

美国“标枪”反坦克导弹不仅用于肩扛发射，也可以安装在轮式或两栖车辆上发射，虽以反坦克为主，却兼有反直升机能力，谓之便携式导弹，算得上名副其实。该弹采用红外焦平面阵导引头，基本实现全自动导引，且具有昼夜作战和发射后不管的能力，射程 2000 米。全武器系统由导弹和发射装置组成，全重 22.5 千克，弹径 114 毫米，弹长 957 毫米，弹重 11.8 千克，串联战斗部以顶攻击方式攻击目标，垂直破钢甲 750 毫米。

研发背景

美国的科学水平举世公认，军事技术也执世界之牛耳，但从 20 世纪 60 年代以来，美国军队就没有几款拿得出手的步兵反坦克导弹。美军最早引进的是法国研制的 SS-11 反坦克导弹，不过这种导弹并不适合步兵携带，一般都是安装在直升机或吉普车上。越南战争中，美军的 UH-1 直升机携带这种导弹，后来因为导弹射程太短，直升机不得不迫近越军火力点才能发射，这是相当危险的，所以很快就放弃了。而那些安装在吉普车上的导弹也因为发射时的弹尾高温气流，要求射手必须远离发射架，这就导致射手不能迅速确定导弹以及目标位置。在 1967 年的作战中，美军又出现多起射手因不能及时捕捉发射出去的导弹，致使导弹无控飞行撞地的情况。有鉴于此，美军从 20 世纪 60 年代中期开始自行研制。

性能特点

“标枪”导弹系统主要由发射包装筒、导弹和瞄准控制单元组成，它之所以能做到“发射后不管”，主要归功于导弹头锥玻璃罩内的焦平面热成像寻的器和图像识别处理。这是个 64×64 单元的汞镉碲阵列元件，对波段为 8—12 微米的红外辐射非常敏感，而且这一波段较之 3—5 微米波段的抗干扰能力极强。射击前，射手将发射筒前盖取下，瞄准控制单元对准目标，当搜索到目标时按下锁定快门，这时的目标图像就是导弹攻击寻找的蓝本。导弹射出后，无论是运动还是静止中的目标图像特征，在成像寻的器上都是连续变化的，处理单元就是依靠这些特征信号连续变化中的相关性来自动识别和跟踪目标的。

“标枪”导弹的导引头得益于美军多年以来发展末敏弹药的技术储备，在反坦克导弹射程内对目标的寻找远比远程火箭炮或榴弹炮弹药来得容易，因此“标枪”的寻（即寻找目标）的制导非常可靠。

交战模式

“标枪”系统有两种交战模式，攻顶模式主要用于反主战坦克和装甲车，正面攻击模式主要用于打击工事及非装甲目标。而前者更能充分显示出“标枪”的独特性能。

在进行攻顶作战时，导弹以 18 度的高低角发射，惯性助推装置完成助推仅需几秒钟。射击时由瞄准控制单元测量目标距离，自动控制导弹弹道高度，以保证准确将目标套进导引头视角。由于标枪导弹采用管式发射和自动寻的，射出后马上就能自动导向目标。不过刚出管导弹初速较低，舵效不明显，因此在最初 100 米内飞行动作比较迟钝，也不能做出大角度转向，因此将最初 100 米范围确定为最小射击距离。在此距离内，导弹不能保证有效命中，仅仅相当于一发火箭弹。“标枪”导弹的最大射程在 2500 米以上。导弹的瞄准控制单元有 4 倍、9 倍白光瞄准和 4 倍红外夜间瞄准通道。

小链接：“标枪”反坦克导弹的“发射后不管”

海湾战争中，“标枪”导弹在进攻巴格达时得到了大量运用。装备“标枪”的美军在作战中的最大优势是发射后能立即离开隐蔽，而使用“短号”的伊军射手必须一直瞄准目标，直到导弹命中。采用管身发射的反坦克导弹最大的缺点就是发射尾焰暴露射手位置，而通常线导导弹从发射到命中几乎需要近 10 秒时间，过长时间在发射位置上，难免不遭到火力杀伤。在减少射手暴露时间的问题上，美国和俄罗斯采取了不同的思路。美国的“发射后不管”诞生了“标枪”，俄罗斯的加大飞行速度、减少暴露时间则催生了“短号”。

15. 轻松越过战场障碍："独眼巨人"光纤制导导弹

随着光纤技术的成熟与图像感测器的发展，在战场上，不论白天、夜晚或是气候如何，导弹的末端图像均可全天候提供，而射手的视野也随之不断扩展、延伸。20 世纪 90 年代后，由德国 DASA 等公司研制的"独眼巨人"成为光纤制导导弹的代表作，而使它发挥神奇功能的关键在于光纤的使用。与传统的金属导线相比，光纤具有直径小、质量轻、价格低廉、频宽高、信号衰减小等优势。在这样的传输特性下，光纤可以做到在一个方向传送图像的同时，还可以在另一个方向传送指令。"独眼巨人"导弹有潜空型和反装甲型两种。二者的弹径、射程和飞行速度没有区别，而弹长、导弹重量和战斗部重量却有所不同。潜空型光纤除了具有和反装甲光纤相同的性能要求外，在水密和强度方面有更特殊的要求。二者在发射方法上也各有特色，反装甲型采用垂直发射，而潜空型则采用斜向发射。

"独眼巨人"光纤制导导弹

研制历程

20 世纪 80 年代初，德国 MBB 公司利用改型的 Mamba 导弹进行了光纤制导的初步原理试验，其目的是验证光纤绕线轴、光纤传输图象和控制指令的可行性情况，1984—1986 年又利用法国生产的 SS-11 线导反坦克导弹做进一步改装试验，验证在几千米长的光纤中双向通信的可行性，试验弹上装有由陀螺稳定的昼夜电视摄像机。实验结果相当令人满意，1989 年由德国与法国政府提供经费投产，后来意大利也加入进来。美国国防部发现欧洲“独眼巨人”导弹取得重大突破后，亟不可待，奋起直追，重新启动了光纤制导反坦克导弹研制项目。

轻松越过战场障碍

“独眼巨人”弹长 1.85 米，弹径 165 毫米，导弹系统总重 105 千克（其中运载器重 62 千克，导弹重 43 千克），作战距离 10 千米，飞行速度 150 米 / 秒（搜索时）和 250 米 / 秒（攻击时），最大过载 15G，发射深度为潜艇潜望深度（潜艇在水下使用潜望镜观察海情和空情时所处的航行深度，常规潜艇艇体离水面为 7—10 米，核潜艇为 9—15 米）之下 300 米，制导方式为光纤制导加红外热成像或毫米波雷达导引头，战斗部为 3 千克高能炸药。推进系统采用固体火箭发动机或涡轮喷气发动机。然后还有一个可以提供清晰视像，能让发射者辨识目标、追踪目标、导引导弹撞击目标的导引头，这是光纤导引导弹的必备之物。

之前，战场上常用的焦面阵列技术发展很快，且技术风险很低，焦面阵列的被动红外传感器既可用于白天，也可用于夜间作战。美中不足的是其性能会受浓烟、浓雾、高浓度、热度等因素影响而降低。而“独眼巨人”的毫米波雷达却可以轻松穿透烟、雾以及大雨，具备全天候作战能力，它的出现将使传统战场中的许多障碍不复存在。

小链接："独眼巨人"潜空型导弹

"独眼巨人"潜空型导弹的运载器内充有低压气体，并有一套推进系统。水下运载器可从潜望深度300米内由鱼雷发射管任意发射。当运载器跃出水面后，就在出水传感器探制下爆裂脱落，释放出由它运载的导弹。潜空导弹运载器与"飞鱼"SM-39运载器的主要区别是，后者采用头部爆裂而前者是沿轴向爆裂成两块或多块。采用这种方法的主要目的是防止尾部释放的光纤受损害。为同一目的，运载器推进系统也不能从尾部排气，而从侧面排气。

16. 常规炸弹之王：巨型钻地弹

巨型钻地弹是一个由美国空军制定的大型精确制导钻地炸弹装备项目，是炸弹中的"巨无霸"，亦被称为"炸弹之祖"或"常规炸弹之王"。它的高强度合金外壳内装有2吨烈性炸药，爆炸威力是美军现役最大炸弹"掩体毁灭者"的10倍，堪比小型核武器。巨型钻地弹的诞生不但宣示了美国科技的强大，同时也将美国军事打击力量扩展到一个极致。

研制背景

海湾战争初期，美空军对巴格达北部奥塔基空军基地地下工事进行了反复轰炸，不料其工事主体坚固无比，居然毫发未伤，这让美军颇有点沮丧。最后，他们紧急用火炮炮管改装成了之后闻名遐尔的“堡垒摧毁者”钻地弹。在接下来的战争中，美空军用“堡垒摧毁者”摧毁了伊拉克境内发现的大部分地下目标，但其毕竟是一个“早产儿”，存在着先天不足，作战性能存在很大的改进空间，因此美军考虑为钻地弹技术专门立项研发。

2003 年 2 月，伊朗总统哈塔米宣布伊朗发现铀矿并将建设铀转换和铀浓缩设施。而从 2004 年国际原子能机构总干事巴拉迪提交的伊朗核问题执行报告看，伊朗当时已拥有 1140 台离心机，均部署在地下深处。美国为此大感忧虑，因为这说明伊朗不但拥有制造核武器的原料，还掌握了研发的技术。于是，美国国防部科学专家组再次提出发展轰炸机投放的大型钻地炸弹的建议，包括发展 2 万—3 万磅钻地和空气燃料两种类型的大型炸弹。而此时恰逢美国国内高调提出“强力钻地核弹”计划，这使钻地武器技术发展迎来了前所未有的大好时机，也使大型钻地炸弹计划变得越来越现实。

常规炸弹之王

巨型钻地弹战斗部壳体采用镍钴钢合金制成，对一般加固混凝土的钻深为 60 米，对坚硬岩石为 40 米，对超强加固混凝土为 8 米，远远超过了 BLU-113 炸弹保持的 6 米混凝土层或 30 米厚土层的现有钻地深度纪录。

巨型钻地弹体重超大，内装炸药重量达到 2700 千克。虽然只占总重量的 20%，但由于采用了高性能炸药，其威力比以往的钻地炸弹提高了数十倍。美国空军曾进行了广泛的对比试验，最终还是选择了巨型钻地弹。

炸弹由 B-2 轰炸机搭载，GPS 制导。其威力可穿透 60 米的 5000 磅（35 兆帕）钢筋混凝土，穿透 8 米的 10000 磅（69 兆帕）钢筋混凝土，穿透 40 米的中等硬岩石。就重量而言，巨型钻地弹堪称美军常规炸弹之王。

核心技术

动力学告诉我们，物体的动能受速度的影响特别大。具有一定质量的两个物体，只要具有较大的相对速度，碰撞时就会产生巨大的破坏力。如果相撞的两个物体没有足够强度的外壳支撑，它们就会因承受不住这一外力而变形、毁坏。如果其中一个物体具有坚固的外壳，能够保护物体内部结构在碰撞过程中免遭破坏，那么这个物体就不会被损坏，就可能对另一物体产生强大的挤压力而钻进被撞物体内部。

钻地弹就是利用这一原理钻进地下深处的。钻地弹的钻地深度与其重量、头部的形状、撞击目标的角度和速度等因素密切相关。钻地弹的壳体一般用高强度的材料制成，在壳体的内外表面还要敷上防热层。这样，当高速运动的钻地弹到达地面时，其壳体就不会被撞裂，钻地弹就会依靠自身巨大的动能，顺着尖锐的弹头方向继续向下钻去。

小链接：巨型钻地弹犁庭扫穴

在巨型钻地弹服役之前，美军对地下目标的打击要么使用“鱼贯攻击”战术，要么采用“炸弹之母”等燃料空气炸弹打击洞口。“鱼贯攻击”就是对坚固目标采用多枚激光制导炸弹瞄准同一点连续爆破，后一枚炸弹利用前一枚炸弹的破坏效果逐步向内“掘进”，但这种方式弹药消耗大，且要求只能使用激光制导这种精度高的制导方式，效果往往事倍功半。后一种打击方式要求炸弹准确打击敌隧道洞口并破坏防爆门，如此才能对洞内目标构成威胁，这种方式也有点蛮干，效果不太理想。而巨型钻地弹无需寻找洞口，可以直接钻入地下隧道内，或者在目标附近的地下土壤以及岩石中爆炸，后者则会最大限度地将爆炸威力转为地震波而增强杀伤效果，这大大缓解了对目标精确位置情报的需求。而爆炸力向地下四周的扩散、挤压和扭曲，会毁坏附近的地下隧道和设备，所产生的巨大地下冲击波即使在很远的地方也能够破坏设备并杀伤人员，这在实际作战使用中有重要意义。

17. 无孔不入的恐怖武器：温压弹

顾名思义，温压弹主要利用温度和压力效应产生杀伤效果，引爆后会剧烈燃烧并大量向四周辐射热量，同时产生高压冲击波。温压弹产生的高热和冲击波无孔不入，这种独特的杀伤效应是传统弹药所无法比拟的，特别适合于杀伤洞穴、地下工事、建筑物等封闭空间内的敌人。温压弹是在燃烧空气弹的基础上研制出来的，可以说是其高级发展型。温压弹类型不拘一格，可以是弹药、炸弹或是单兵榴弹、火箭弹，甚至是导弹。

研发简史

20 世纪世纪 80 年代以来，美军越来越强调“非对称”战争理念，热衷于利用强大的军事技术碾压对手。而美军的对手则越来越多地通过深藏在地下的工事来对抗美军的狂轰滥炸。针对这种情况，美国国防部提出要研制一种能最大限度地打击地下洞穴加固掩体工事的新型武器。

美军要求该种新式武器能够钻透地道上方较薄的岩层或穿过外部裸露的洞穴入口，让炸弹的战斗部深入地下工事内部后爆炸，进而使炸弹有可能摧毁整个地下工事系统，最大限度地杀伤其人员，并完全破坏藏匿在地下的武器装备。

美国海军水面研究中心接到设计任务后，仅用两个月的时间就开发出这种新型炸弹。新型炸弹利用空气炸药产生温压效应的原理，故取名为温压弹。

三个“事件”

温压弹兼具高爆炸药和燃料空气炸药的特点，准确地说是一种富含燃料的高爆炸药。其爆炸速度一般为 3—4 千米 / 秒，比高爆炸药的爆炸速度（典型值为 8 千米 / 秒）低许多，同时在爆炸过程中从周围空气中大量吸取氧气，造成缺氧的环境。至关重要的一点是，温压弹中添加了铝、硼、硅、钛、镁、锆等物质的粉末，这些粉末在加热状态下起燃并释放大量能量，大大增强了温压弹的热效应和压力效应。温压弹的爆炸过程由以下 3 个“事件”组成：

1. 最初的无氧爆炸反应。不需要从周围空气中吸取氧气，持续时间为数百万分之一秒，主要是分子形式的氧化还原反应。此阶段仅释放一部分能量，并产生大量富含燃料的产物。

2. 爆炸后的无氧燃烧反应。不需要从周围空气中吸取氧气，持续时间为数万分之一秒，主要是燃料粒子的燃烧。

3. 爆炸后的有氧燃烧反应。需要从周围空气中吸取氧气，持续时间为千分之一秒，主要是富含燃料的产物与周围空气混合燃烧。此阶段释放大量能量，延长了高压冲击波的持续时间，并使火球越来越大。

这 3 个“事件”确定了温压弹的基本性能：最初的无氧爆炸反应确定了其高压性能，以及对装甲的侵彻能力；爆炸后的无氧燃烧反应确定了其中压性能，以及对墙壁、工事的穿透能力；爆炸后的有氧燃烧反应确定了高压冲击和热性能，以及对人员和装备的损伤能力。通过调整上述 3 个“事件”，温压弹可以满足特定的性能要求，针对不同的目标“对症下药”。

杀伤效能

在杀伤效能方面，温压弹相对燃料空气弹可以说是青出于蓝胜于蓝。它采用含有氧化剂的固体药剂，当固体药剂呈颗粒状在空气中散开时，形成的爆炸杀伤力比燃料空气弹更强。在有限空间里，温压弹可瞬间产生高温、高压和气流冲击波，对藏匿地下的设备和系统造成严重的损毁。同时它还能将有限空间内的氧气迅速耗尽，从而导致爆炸区内的人员因缺氧窒息而死。

需要指出的是，温压弹在开放空间和封闭空间使用时杀伤效应大不一样。炸药在开放空间爆炸时的杀伤效应，按作用距离由近到远，依次是热杀伤、冲击波杀伤、破片杀伤。传统的爆破/破片式弹药的破片速度一般可达1500米/秒，可飞行数千米，这就是为什么爆破/破片式弹药成为对付开放空间非隐蔽人员的主要武器。

小链接：温压弹的实战

美军在温压弹通过测试后，立即生产了10枚该种炸弹并马上投入使用，在首次实战中即发挥了巨大作用，达到了预期作战目的。据悉，打击并摧毁地下洞穴目标正成为美军在战争中保持“非对称”优势和保证“零伤亡”的一个重要内容。为此，美军将进一步改进温压弹，并计划发展温压弹摧毁地下核、生、化武器系统和战剂及其支持与储存设施的能力。

NO. 5 天外布网：顶尖太空武器

1. 太空中的情报间谍：美国“大鸟”侦察卫星

美国第四代照相侦察卫星为美国“六角”计划的卫星 KH-9，又名“大鸟”。“大鸟”侦察卫星所携带的光学遥感器和微波遥感器可以拍摄地面一定范围内的物体，并产生高分辨率图像，主要用于战略情报搜集、战术侦察、军备控制核查和打击效果评估等。

发展背景

1959 年 2 月 28 日，美国加利福尼亚州范登堡空军基地里，一枚高大的“宇宙神－阿金纳 A”火箭耸入云端，它那圆锥形的顶端就是人类历史上的第一颗间谍卫星——“发现者 1 号”。当倒数计数到零时，火箭呼啸着把“发现者 1 号”送入了太空轨道。1960 年 10 月，“宇宙神－阿金纳 A”又运载着另一颗间谍卫星“萨摩斯”升上了蓝天。间谍卫星在太空运行中可以进行大量的录音和录像工作，它在苏联和中国上空的轨道上飞行一圈所搜集到的情报比一个最老练、最有见识的间谍花费一年时间所搜集的情报还要多上几十倍。1971 年，“大鸟”间谍卫星发射上天，这是美国照相侦察卫星中的主要一种，乃名副其实的太空情报间谍。

三只眼睛

“大鸟”间谍卫星是照相侦察卫星，总长为 15.24 米，直径有 3.05 米，重达 13.3 吨。它身兼数职，所担任的间谍侦察任务繁多，既对地球表面做普查侦察，也对重要目标做详查侦察；既要对目标进行照相，又要对各地的电磁波进行监收。更奇妙的是，这只“大鸟”还常常驮着“小鸟”飞上太空，然后“卸下”这些“小鸟”带着它们在外层空间漫游，即由母星和一两颗小卫星（子星）组成一个“间谍卫星家族”。

“大鸟”间谍卫星还长着三只明察秋毫的“大眼睛”。第一只“眼睛”是一架分辨率极高的详查照相机，可以看清在地面上的行人。第二只“眼睛”是一架新型胶卷扫描普查照相机，可以进行地上大面积普查照相。第三只“眼睛”最神秘，它是一个可以在夜间看见地下导弹发射井的多光谱红外扫描照相机。

照片解读

“大鸟”间谍卫星所拍摄的照片必须在卫星飞抵夏威夷群岛地区上空时弹射出来，并由空军回收，然后再进行冲洗和认读。迄今为止，外层空间已经有 16 只“大鸟”在“展翅飞翔”，以它那鹰一般的锐眼注视着地球上那些令美国担心的地区。

“大鸟”侦察卫星不用胶卷，而是由卫星上的“成像遥感器”通过扫描方法拍摄地面场景图像，并将这些“高品位远距照相电视信号”采用数字图像的传输方式传输到地面卫星接收站。华盛顿的国家图像判读中心据此就能立刻了解到有关国家各个领域的瞬时动态。

小链接：“大鸟”侦察卫星扭转战局

1973 年 10 月，第四次中东战争爆发，埃及军队的防线有一段 10 千米宽的缺口无人驻守，这并非埃及军方过于大意，而是因为苏伊士运河沿岸植被茂盛，守军身穿绿色迷彩，坦克、火炮也漆成绿色，放眼望去和植被浑然一体，仅凭常规侦察手段不可能察觉防御漏洞，所以这种部署在常规战争中也无可非议。但他们不知道天上还飞着一只“大鸟”，侦察卫星上新装备不久的多光谱照相技术能够通过反射光的强度轻易区分开绿色涂料和绿色植被，埃军的伪装根本没有任何效用，缺口因此完全暴露。结果，以色列装甲部队根据美方第一时间发来的密报，毫厘不差地穿过缺口并切断了埃军的后勤补给线，几天之内就彻底扭转了战况。

2. 超级工程：中国“尖兵”系列侦察卫星

“尖兵”系列侦察卫星是中国的军用对地观测卫星，分为返回型与传输型两种，主要用途是为战略导弹提供地面固定目标的定位，也可以用于农作物的太空育种。“尖兵”系列卫星的决策与使用权同归中国人民解放军总参谋部，其各个型号作为我军战略武器系统中结构功能的关键环节，担负着作战目标的发现、识别、定位以及打击毁伤效果评估等重要任务。

研制背景

20 世纪 50 年代末，苏联人将第一颗人造地球卫星送上太空，从此人类进入崭新的航天时代。美国人紧随其后，也将自己研制的卫星送上了太空。此后，美苏之间展开了一场围绕空间技术的不见硝烟的竞争。

1975 年 11 月 26 日对于中国航天人来说是一个难以忘怀的日子。就在这一天，中国第一颗返回式遥感卫星在酒泉卫星发射中心用“长征”二号运载火箭顺利发射升空，准确进入预定轨道。卫星在太空飞行 47 圈，回收舱于 11 月 29 日按地面遥控站发出的返回调姿遥控指令，安全降落于贵州六枝地区并回收成功，使中国成为世界上第三个掌握卫星回收技术的国家。

1970 年 4 月 24 日，中国第一颗人造地球卫星“东方红一号”遨游太空，引起了世界各国的广泛关注。由于中国发展应用卫星的首要目的是为了打破世界航天大国对空间技术的垄断，从这一战略方针出发，研制返回式卫星，掌握卫星的回收技术，就成为中国优先要予以攻克的一项重要课题。早在 20 世纪 60 年代，国家已经原则上批准把返回式遥感卫星作为发展重点。返回式胶片成像卫星为中国航天遥感事业首开先河，30 多年来发展了 5 个型号，技术成熟，成果斐然。

发射原理

卫星发射入轨之后，就在太空执行任务，并不需要返回地面，如通信、导航、气象卫星都是如此。但是有的卫星却需要回到地面，如侦察卫星获得了情报，以及科学实验卫星携带了实验品等。研制返回式卫星是卫星发展史上的一个重要突破，发射返回式遥感卫星要解决一系列复杂的技术问题。

首先，卫星返回之前先要调整飞行状态，即脱离原来的运行轨道。卫星脱离原有轨道的速度叫做再入速度，再入速度与地平线所形成的俯角称为再入角。卫星重返大地对再入角的要求十分严格，一般须在 3—5 度。角度如果太大，卫星将会陡直地进入大气层，会引起较大的空气阻力和摩擦加热。角度如果太小，则卫星将仍在原轨道上运行。再入速度与再入角都靠一支小型助推火箭来控制。火箭的点火时间、推力方向、推力大小与时间长短都会影响到再入速度和再入角的准确度，这就要求有灵敏而可靠的火箭制动（反推）发动机。

另外，卫星在降到离地面 60—70 千米时，与大气层摩擦产生大量的热能，使其表面发生燃烧，所以必须采用特殊的耐高温材料来保证回收舱在再入大气层时能够维持内部的正常温度。

准确回收

卫星返回地面需要很长的运行时间，必须不间断地对卫星进行精确测量和全程跟踪，并根据实测轨道参数对卫星的程序控制数据进行必要的控制和管理，为此就要建立更大范围、更多功能的地面测控网。

卫星降落到离地面 10—20 千米时，尽管速度已经大大减小，但仍然有 200 米／秒左右。如果以这样的速度撞击地面，卫星必然“粉身碎骨”。因此，必须使用减速伞来再次降低速度。通常先要打开一顶较小的副伞以初步减速，当卫星降落到离地面只有 5 千米的高度时，再打开主伞，使卫星速度小于 10 米／秒。降落伞的打开必须非常准时，否则卫星就不能够安全着陆。

小链接：“尖兵”系列侦察卫星及“前哨”红外预警卫星

二战中，弹道导弹和巡航导弹同时登上战场，战后初期的发展也呈并驾齐驱之势，都被作为核弹头的运载工具而得到巨大资金扶持。但以当时的技术水平而言，用巡航导弹打击数千或上万千米外的目标非常困难，因为导航与控制系统的可靠性和精度较低，更可怕的是在本国领空飞行，导弹很可能中途坠毁并带来最后的核爆炸。而红外预警卫星则可以避免此类情况的发生。2016 年 3 月 22 日，《科技日报》首次报道中国已经有“尖兵”系列侦察卫星和“前哨”红外预警两大类军用遥感卫星。

3. 可以“斜视”的高空窥探者：美国“锁眼”系列照相侦察卫星

美军的“锁眼”系列，即KH－11、KH－12型照相侦察卫星，是美国最新型的数字成像无线电传输卫星，它不用胶卷而是用电荷耦合器件摄像机拍摄地物场景图象，然后把图像传送给地面。

发展过程

2013年8月23日下午，“德尔塔”IV型重型火箭从美国加利福尼亚州范登堡空军基地腾空而起，此次代号为USA－245的任务把KH－11系列的最后一颗间谍卫星送入轨道。KH－11系列卫星别名“迦南”或者“水晶”，KH则是Key Hole（锁眼）的简写，用以指代一系列光学监视卫星。随着USA－245发射成功，这个在苍穹之上为美国监视了全世界近半个世纪的“锁眼”天网正式宣告完成任务。

KH－12型照相侦察卫星

“锁眼”天网最初并不叫锁眼，由于冷战的开始，美国迫切需要苏联方面的各类监视情报，而轨道技术的发展使得光学监视卫星成为和著名的U－2、SR－71侦察机一同开发的秘密项目。美国空军和CIA于1959

年 6 月和 1960 年 10 月先后发射代号为“科罗纳”和“索莫斯”的卫星，而后由于索莫斯系列卫星屡次发射失败，最终在 1962 年底并入科罗纳卫星项目。日后的 KH-1、2、3、4 系列卫星指代的便是科罗纳间谍卫星，亦即后来大名鼎鼎的“锁眼”系列卫星。

性能特点

“锁眼”系列照相侦察卫星地面收看的效果犹如看电视片。它的地面分辨率为 1.5—3 米，最早发现伊拉克军队向科威特推进的行动。还有一种更先进的“锁眼 12”侦察卫星，它的地面分辨率高达 0.1 米，足以清点沙漠中伊军的坦克、帐蓬和人员。这种卫星具有一种“斜视”功能，即当卫星不能直接飞越海湾地区上空时，也能通过改变其光学系统的指向来摄取旁边地域的图像。卫星上的红外设备还可以在夜间拍照。

海湾地区地表沙漠多，最适合“锁眼”侦察卫星雷达全天候监视。雷达成像卫星与可见光照相侦察卫星不同，它不受光照条件限制，可以昼夜工作，不间断地提供地面目标图像。这些卫星传回的大量数据在美国图像照片判读中心里堆积如山，使处理人员每天工作长达 18 小时以上。经过处理的信息输入美国海、军的导弹制导系统中，其结果是伊拉克一个个精心伪装的战略重地大多进了多国部队的轰炸清单。

实战运用

1961 年，美国第一代照相侦察卫星开始工作，以太空高度俯视地球，窥探苏联导弹基地，发现并证实了苏联方面宣称的所谓的美苏导弹差距并不存在，赢得了外交主动权。

1962 年，照相侦察卫星发现苏联在古巴建造导弹发射场，引发了古巴导弹危机。

1973 年，第四次中东战争中，美国利用第四代“大鸟”照相侦察卫星发现了埃及第二、三军团之间的空隙，使以军得以偷渡苏伊士运河成功。

海湾战争中，美军照相侦察卫星获得大量情报，为美军进行连续空袭和战役布势提供了依据。科索沃战争中，美军 KH-11 照相侦察卫星为美军空袭作战提供了准确的目标情报。

小链接："锁眼”卫星也有“被锁”时

美国利用高科技进行“偷窥”的行为引起了各国的不安，目前世界上很多国家都在积极致力于反卫星武器的研制，并已取得了突破性进展。如反卫星卫星、反卫星动能武器平台、高能激光武器、电磁炮等将来都是“锁眼”卫星的“克星”。虽然“锁眼”如今俯视人间，笑傲太空，无人能奈它何，但随着锁眼“克星”和“杀手”的诞生，“锁眼”“被锁”的那一天已经不远。

4. 海洋探秘者：美国“白云”海洋监视卫星

1976 年 4 月 30 日，美国范登堡空军基地的“宇宙神”火箭腾空而起，这次发射的是一颗母子卫星，母星携带着三颗子卫星，在轨道上组成一个“星座”。这颗卫星是为了提供有关苏联和其他国家海上舰只所在位置情报而设计的。该卫星进入近地点 1265 千米、远地点 1289 千米、倾角 63.5 度、周期 107.5 分的近圆形轨道，三颗子卫星也进入相似轨道。每颗子卫星都带有一种红外感测器、毫米波辐射计以及用于探测船舶的雷达和通信信号的天线。这便是美国用于监视海上舰艇活动的“白云”海洋监视卫星。海洋监视卫星能有效探测和鉴别海上舰船并准确地确定其位置、航向和航速。这种监视由主动型和被动型两类卫星成对协同进行。由于它所覆盖的海域广阔，探测目标多且是活动的，所以它的轨道较高，并且多采用多星组网体制，以保证监视的连续性。

发展历史

世界上第一颗海洋监视卫星是苏联 1967 年 12 月 27 日发射的“宇宙 -198”卫星，这是一颗雷达型海洋监视试验卫星。从 1974 年起，苏联开始发射电子侦察型海洋监视卫星。强势的美国自然不甘落后，从 1971 年 12 月开始发射“一箭四星”的试验电子侦察型海洋监视卫星。1976 年 4 月发射正式使用的第一组“白云”号电子侦察型海洋监视卫星，1977 年和 1980 年又先后发射了第二、三组。美国正在执行“联合天基广域监视系统”计划，该计划由“海军天基广域监视系统”和“空军与陆军天基广域监视系统”合并而成，兼顾了空军的战略防空和海军海洋监视的需求。美国在发展“白云”系列的同时，也开展了代号为“飞弓”的雷达型海洋监视卫星的研制工作，并曾执行了“海军海洋遥感卫星”（NROSS）计划，试图使用一种重量更重、倾角更大的卫星，以同时满足国防和民用需要。到目前为止，只有美国和俄罗斯这两个军事强国利用海洋监视卫星组成了实用型的卫星海洋目标监视系统。但印度、法国、日本等国家已经有了海洋监视卫星，其他一些国家也正在积极研制之中。

侦测手段

根据卫星携带不同的侦察监视设备和采用的不同侦测手段，海洋监视卫星大体可分为两种类型。一种是电子型海洋监视卫星，又称被动式卫星。卫星上的主要探测设备是电子侦察接收机，它采用多颗卫星同时截获海上目标的无线电发射频率和雷达脉冲波形，用以测定目标的位置和类型。它能监听敌方舰船的电子辐射信号，可测定辐射源的坐标，并根据辐射信号特性对目标进行识别。另一种是雷达型海洋监视卫星，又称主动式卫星，该卫星上的主要侦察设备是星载雷达。两颗卫星为一组，成对运行在同一轨道上，相互保持准确的时间间隔。由两颗卫星同时测量可消除或减少杂波的干扰，容易探测到较小目标。

卫星对海面或海洋上空的目标进行探索和跟踪时，雷达主动发射脉冲信号，并接收目标的反射波，用以测定目标的航向、航速等数据，并能精确定位。先进的雷达型海洋监视卫星装有侧视雷达，一次扫描覆盖宽度可达460千米。由于星载雷达要大功率电源保证，这种卫星一般采用核能源，故又叫核动力型海洋监视卫星。为防止放射污染，在完成任务后，核反应堆与卫星分离，并用小型火箭推到约1000千米的安全轨道，使其具有较理想的运行寿命。

核心技术

目前，“白云”海洋监视卫星主要拥有以下三种核心技术：

1. 多星组网技术：采用多星组网技术并在世界不同地区配置地面站，可以连续而实时地对特定目标与指定地区进行侦察监视，实现全球侦察区域的无缝连接。通过最佳选择卫星间的轨道间隔，可获得满意的辐射目标定位精度并且使其具有侦听密集信号的能力。通过灵活的空间布置，卫星海洋目标监视系统能够通过监视空间的广域换取较长时间段的连续对地观测，提高单次侦察情报的准确性和时效性。

2. 元器件集成化技术：元器件集成化技术是卫星小型化的基础。元器件集成水平越高，在相同的体积内就能携带越多种类和数量的探测器和遥感器，使卫星的功能密度更高，技术性能更强。

3. 卫星遥感器技术：采用大动态快速自适应遥感器技术，增加嵌入保护措施，软、硬一体的冗余设计和备份，以及增加可适应不同作战需求背景的多种工作模式，可以提高有效载荷部分的整体效能。利用卫星上的遥感器对海洋环境进行监测，可以进一步提高侦察目标的精度。

小链接：美国海洋监视卫星的情报

美军于1978年发射了监测海洋特性的“海洋卫星”—A。它能利用蓝—绿激光穿透云和水，探测高速潜航的导弹核潜艇。它是一种“潜艇激光通信卫星”，是能判读信号、控制和探测的海洋遥感器，也是可以进行数据中继的“全球低轨道信息中继卫星”等。海湾战争期间，在轨的4组12颗卫星于1987年—1989年6月间发射。每组卫星每天至少飞经海湾地区上空1次，最多达3次，对该地区的重要目标进行侦收、定位，为多国部队提供海上及部分陆基信号情报。

5. 战场态势尽收眼底：美国先进极高频卫星

美国先进极高频卫星也叫第三代“军事星”，其信息传输能力是现役第二代“军事星”的10倍，军方操作人员所获得的带宽将增大5倍，且体积更小，更耐用，成本更低，每颗先进极高频卫星的成本约为“军事星”的1/2。它可以给战区指挥官提供高安全性的、抗干扰的、不易截获的通信服务，可满足实时图像、战场地图和跟踪数据传输等战术通信需求。

研制背景

基于美国“网络中心战”的作战理论，作战部队将能够承担多样化任务，具备灵活反应能力，能够基于战场环境的变化迅速做出调整。而这种灵活反应能力则严重依赖于对战场环境、气象条件、敌我友三方态势的精确把握。虽然在地面战场已经有光纤、微波通信系统能够提供高速通信，但是对于美军的全球作战任务来说，军用卫星通信系统仍然居于不可替代的地位。

在此背景下，先进极高频卫星立项上马，但其建设过程历经坎坷，颇费一番周折。早在 1999 年，先进极高频卫星项目就开始研发，基于不断变化的军事需求，项目进度一再拖延。2004 年和 2006 年，先进极高频项目因保密和抗干扰要求而两次修改设计。首颗卫星先进极高频 –1 原定于 2008 年发射，却因为成本和技术问题被推迟两年。2010 年 8 月 14 日，先进极高频 –1 终于由“宇宙神 –5”火箭托举着升入太空。

闪展腾挪

美国先进极高频卫星采用非常先进的组合推进技术，星上携带 3 个推力大小不同、传统与电推进相结合的推进系统。随着越来越多的国家掌握航天技术，36000 千米高度也变得不再安全。因为静止轨道通信卫星的位置固定、体积较大、难以隐蔽，用低价值的飞行器直接撞击高价值的通信卫星在技术上并不难实现。为了避免或降低损失，美军不得不考虑提高通信卫星的生存本领，因而为先进极高频卫星配置了大推力发动机，使其具备“闪转腾挪”避开恶意撞击的本领。

“波束”与“天线”

先进极高频卫星采用的是抗干扰、抗截获波束控制技术。此前的卫星是采用机械方式来改变电磁波束反射面的，所以只能使得波束在某一个时刻属于某一个用户，波形切换速度慢，控制精度低。而先进极高频卫星则通过电子方式来改变射频波束的指向，因而其相控阵天线能很便捷地使用户之间的波束瞬间跳变、自由切换。由诺斯洛普·格鲁曼公司研制的“波束成形网络”可使先进极高频卫星天线自动调零，以便对付潜在的干扰，只有在波束覆盖范围之内的合法用户才能正常使用卫星。

先进极高频卫星具有强大的星间传输和星上处理能力。为了提高星间通信能力，先进极高频卫星携带了 14 副不同形状和用途的通信天线，并用电子管功率放大器取代了行波管功率放大器，使星间通信的波形保真度大幅提高。这就使得全球范围的远程跨区通信不需要绕行地面中继站点，而全部采用星间通信的方式，既降低了传输时延，又提高了系统的通信吞吐量。同时，这样的通信方式也降低了对地面控制系统的依赖程度，即使地面控制系统遭到破坏，整个卫星星座仍然能够自主运行 6 个月以上。

小链接：像游戏一样打仗

卫星传输带宽瓶颈与处理能力不足一直是美军提高作战效率的最大制约。在海湾战争时，特别详细的作战命令甚至要送到航母上处理。这种“黄牛拉大炮”的作战方式显然不适应信息化条件下快速反应的需要，令美军大为不满。之后，美军致力于提高军用卫星通信能力，先后发展了两代“军事星”，第二代“军事星”极高频通信速率为每秒 100 兆比特。这样的速度传输作战指令已经绰绰有余，但却仍然难以实现战场态势和视频的实时传输。直至发展出第三代“军事星”——先进极高频卫星，作战人员戴上头盔就可以把整个战场态势尽收眼底，美军“像游戏一样打仗”的理想才终于实现。

6. 军民两用的星载系统：全球定位系统（GPS）

全球定位系统（GPS）是 20 世纪 70 年代由美国陆海空三军联合研制的新一代空间卫星导航定位系统。其主要目的是为陆、海、空三大领域提供实时、全天候和全球性的导航服务，并用于情报搜集、核爆炸监测和应急通信等一些军事目的，是美国独霸全球战略的重要组成部分。系统由 24 颗卫星组成，覆盖全球，可以保证在任意时刻、任意地点同时观测 4 颗卫星，以保证卫星可以采集到该观测点的经纬度和高度，实现导航、定位、授时等功能。

GPS 卫星

发展背景

1958 年，美国“子午仪”导航卫星系统立项上马，经过多年研究，到 1964 年始获成功并正式投入使用，但其效果却差强人意。该系统采用 5—6 颗卫星组成的星网工作，每天最多只能绕地球 13 圈，并且无法给出高度信息，在定位精度方面也很不理想。但“子午仪”系统使得研发部门对卫星定位取得了初步的经验，并验证了由卫星系统进行定位的可行性，为 GPS 系统的研制打下了基础。

不久，美国海军研究实验室提出了用 12—18 颗卫星组成 10000 千米高度的全球定位网计划，并于 1967 年、1969 年和 1974 年各发射了一颗试验卫星，又在这些卫星上初步试验了原子钟计时系统，完成了 GPS 系统精确定位的基础。

此后，美国在此基础上制订了最初的 GPS 计划。该方案将 24 颗卫星放置在互成 120 度的三个轨道上，每个轨道上 8 颗卫星。这样一来，在地球上任何角落都可以观测到 6—9 颗卫星。后来，因为预算压缩，该计划不得不减少卫星发射数量，改为将 18 颗卫星分布在互成 60 度的 6 个轨道上。不过，该方案使卫星的可靠性大大降低。为此，美国在 1988 年对该计划进行了最后一次修改：21 颗工作星和 3 颗备用星分布在互成 60 度的 6 条轨道上。这也是 GPS 卫星所使用的工作方式。

经过 20 多年的发展，该计划耗资 300 亿美元。1994 年，全球覆盖率高达 98% 的 24 颗 GPS 卫星星座布设完成。

海空合流

美国空军提出 621-B 的以每星群 4 颗到 5 颗卫星组成 3 个至 4 个星群的计划，这些卫星中除 1 颗采用同步轨道外，其余的都使用周期为 24h 的倾斜轨道，该计划以伪随机噪声码（PRN）为基础传播卫星测距信号，功能强大，当信号密度低于环境噪声的 1% 时也能将其检测出来。伪随机码的成功运用是 GPS 系统取得成功的另一个重要基础。海军的计划主要用于为舰船提供低动态的二维定位，空军的计划能提供高动态服务，但系统过于复杂。由于同时研制两个系统会造成巨大的费用，而且这两个计划都是为了提供全球定位而设计的，所以1973年美国国防部将二者合二为一，GPS全球卫星定位系统由此集于大成。

三个组成部分

全球卫星定位系统主要由三个部分组成。

空间部分：GPS的空间部分是由24颗工作卫星组成，它位于距地表20200千米的上空，均匀分布在6个轨道面上（每个轨道面4颗），轨道倾角为55度。此外，还有4颗有源备份卫星在轨运行。卫星的分布使得在全球任何地方、任何时间都可观测到4颗以上的卫星，其良好的定位以及解析几何图像功能可以保持时间上的连续性，使全球导航成为可能。

地面控制部分：地面控制部分由1个主控站、5个全球监测站和3个地面控制站组成。监测站均配装有精密的铯钟和能够连续测量到所有可见卫星的接受机。监测站将取得的卫星观测数据（包括电离层和气象数据）经过初步处理后，传送到主控站。主控站从各监测站收集跟踪数据，计算出卫星的轨道和时钟参数，然后将结果送到3个地面控制站。地面控制站在每颗卫星运行至上空时，把这些导航数据及主控站指令注入到卫星。

用户设备部分：用户设备部分即GPS信号接收机。其主要功能是捕获按一定卫星截止角所选择的待测卫星，并跟踪这些卫星的运行。当接收机捕获到跟踪的卫星信号后，即可测量出接收天线至卫星的伪距离和距离的变化率，解调出卫星轨道参数等数据。根据这些数据，接收机中的微处理计算机就可按定位解算方法进行定位计算，计算出用户所在地理位置的经纬度、高度、速度、时间等信息。

小链接：全球定位系统的运筹帷幄

全球定位系统可实时连续地为用户提供三维空间的位置信息，测定用户的运动速度，并可提供精确的授时勤务，其定位误差不大于10米，授时误差不大于0.1秒，授时精度优于0.000001秒，且其电波信号还具有一定的抗干扰,能力。如果将各作战单位的GPS位置信息通过无线电通信不断地传输到作战指挥中心，再加上通过侦察手段所获取的敌方目标的位置信息，然后统一集中在大屏幕显示器上加以显示，指挥员就可以随时掌握整个战场上敌我双方的动态态势，从而为其作战指挥提供一项准确而重要的依据。这样一来，兵家几千年以来的“运筹于帷幄之中，决胜于千里之外”的梦想，不就最终得以真正实现了吗?

7. 世界最先进红外成像卫星：“天基红外系统”高轨预警卫星

美国作为全球军事力量最强大的国家，一贯追求军事安全领域的绝对防御，而对于美国来说，核扩散、现代武器技术扩散都是未知风险。在所有军事安全风险中，导弹技术的扩散以及快速发展的各种电子干扰技术，用传统的导弹预警方式已经不足以满足美国的军事需求，所以不断寻求更新预警反导装备及体系成为美国军事力量建设的重点项目和保持军事优势的主要手段。“天基红外系统”高轨预警卫星是美国20世纪80年代计划用于取代DSP系统的先进预警系统，是助推段情报与跟踪系统和稍后的早期预警系统等方案的自然延伸。作为美国新一代的天基红外探测与跟踪系统，它是美国弹道导弹防御系统探测预警的核心环节。

“天基红外系统”卫星

发展历史

天基红外系统的主要任务是为美军提供全球范围内的战略和战术弹道导弹预警，对弹道导弹从助推段开始进行可靠稳定的跟踪，为反导系统提供关键的目标指示功能。天基红外系统提供了更为强大、可靠和灵活的弹道导弹预警信息，不仅可以更早地探测到远程和洲际弹道导弹的发射，增加对飞行中段弹道导弹的探测跟踪能力，还在设计之初就考虑到对中近程战术弹道导弹的探测跟踪能力。

最早规划的天基红外系统是一个由高轨道星座、低轨道星座和地面数据接收处理设施构成的复杂的综合传感器系统。天基红外系统的高轨道星座包括 2 颗高椭圆轨道卫星和 4 颗静止轨道卫星，主要用于接替国防支援计划卫星进行关键的战略和战术弹道导弹发射以及助推段飞行探测任务。天基红外系统的低轨道星座包括 24 颗低轨道卫星，这个项目源自更早的“亮眼”计划，主要用于执行对弹道导弹飞行中段的精确跟踪任务，并提供将弹头从诱饵和弹体碎片中区分出来的识别能力，可直接向拦截弹提供目标引导数据。天基红外系统的高轨道和低轨道部分合作提供了覆盖全球的探测跟踪能力。

主要功能

“天基红外系统”高轨预警卫星采用双探测器体制，每颗星上装有两台探测器，一台是高速“扫描”型探测器，另一台是“凝视”型探测器。卫星工作时，先由高速“扫描”型探测器探测导弹发射时喷出的尾焰，如发现目标，则将已探测到的信息提供给“凝视”型探测器，由它将导弹发射画面拉近放大，紧盯可疑目标，获取详细信息。通过两种类型探测器的协同工作，“天基红外系统”高轨预警卫星的扫描速度和灵敏度比“国防支援计划”预警卫星高了10倍。

“天基红外系统”高轨预警卫星上探测器的第一次测试即取得圆满成功。探测器传输的第一批影像可以清楚地看到地球上的景象，其精确与清晰的程度令人惊叹。探测器是“天基红外系统”高轨预警卫星的重要组成部分，如果说“天基红外系统”高轨预警卫星是反导系统的“眼睛”，那么探测器就是“眼睛”中的“瞳孔”。

缺陷

反导预警卫星预警能力的高低、提供预警时间的多少，是导弹拦截成功与否的关键。无疑，“天基红外系统”高轨预警卫星的使用将会大大提高美军的导弹预警能力和反导作战能力。但有军事专家指出，过分依赖科技力量的做法也存在一定风险。由于“天基红外系统”高轨预警卫星部署在太空中，自身防护能力较弱，战时一旦被敌人摧毁，美军的整个反导系统将会处于“致盲”状态，其花费近千亿美元打造的反导系统也将基本上处于无用武之地。

小链接：美军不惜血本发展“天基红外系统”

美军对导弹防御系统的资金投入一直居高不下，到2016年的年度费用已经达150亿美元。之后美军又宣布，其新型反导预警卫星在测试中取得了巨大进展，并将很快投入使用。据悉，在朝鲜进行导弹试射时，美军的反导预警系统对朝鲜导弹试射情况掌握得一清二楚。一些分析人士认为，一旦美军新型预警卫星投入使用，其导弹拦截能力将会大大增强。这也许就是美军不惜血本发展“天基红外系统”的原因。

NO. 6 神秘的蘑菇云：顶尖核武器

1. 核弹中的巨无霸：俄罗斯 SS-18“撒旦”洲际导弹

洲际导弹 SS-18 是俄罗斯在苏联时期研制的多弹头洲际弹道导弹，是世界上体积最大、威力最大的现役导弹。其无论外形尺寸还是爆破威力，在世界上都可以说是首屈一指的，冷战期间初一问世，北约就不无惊恐地称之为撒旦恶魔，据传其有摧毁小行星的恐怖威力，堪称核弹中的巨无霸。

发展背景

20 世纪 60 年代中期，美苏争霸愈演愈烈，在“相互确保摧毁”战略思想的指导下，两国政府明白，若要避免战争，就必须制造出能够摧毁对方的强大武器，从而具备足够的战略威慑。于是，全面的核武器军备竞赛不可避免地开始了。同时，两国又考虑到自身核武器的安全性，开始发展射程更远、当量更大、分导式弹头更多的坚固地下发射井式的导弹核武器。60 年代，代号“民兵”的导弹部署和改进使美国在武器竞赛中占了先机，在冷战的严酷气氛中，苏联是决不允许这种状况长期存在的，于是在 60 年代末开始发展第四代导弹 SS—18。

弹头

SS-18 是俄罗斯导弹技术的升级换代之作，至今仍是世界上最大的现役导弹，因此不免保留了很多第四代战略导弹的技术和战略思想特点。

SS–18 本身就是为打击发射井等加固目标而设计的，因此一开始就将大威力作为目标。为保证导弹的巨大推力，其有效载荷接近 9 吨，这一能力即使是今天的运载火箭也少有能及。其多弹头型导弹可以携带 10 个 500 千吨当量子弹头，而美国 1986 年才服役的“和平卫士”导弹携带的是 10 个 475 千吨当量的子弹头，现在唯一的陆基洲际弹道导弹“民兵”3 携带的也只有 3 个 335 千吨当量子弹头。

SS–18 单弹头威力甚至曾达到 2000 万—2500 万吨 TNT 当量，而美国投在广岛的原子弹威力也只不过 1.5 万吨，仅以威力而言，即相当于广岛原子弹的 1600 倍。能和它相比的只有其前身 SS–9，在可以预见的未来，它很可能会成为绝无仅有的导弹“巨无霸”。

打击精度

美国“民兵”3 导弹的打击精度在 370 米以上，而 SS–18 在发展到 IV 型时，打击精度已经达到 350 米以内。直至今日，论打击精度，SS–18 仍然名列前茅。此外，由于该导弹子弹头多，可以很容易饱和攻击敌人的弹道导弹防御系统，因此最终在敌人阵地上空幸存的弹头比例也会较高。

如果俄罗斯对美国发动打击，现有部署的 SS–18 就足以摧毁美国 65%—80% 的陆基洲际导弹发射井（两个核弹头打击一个地下井），而且还能保留 1000 枚 SS–18 导弹弹头来打击美国其他目标。较高的精度加上分导式的弹头，使 SS–18 成为现今打击效率最高的导弹之一。

2. 人类核导弹的巅峰之作：美国“和平保卫者”洲际核导弹

“和平保卫者”是冷战时期最强大的陆基洲际核导弹，是美国第四代战略弹道导弹，也是目前美国最先进的战略导弹之一。美国沃伦空军基地经改装的“民兵3”地下井内曾部署了50枚该导弹，后来根据1993年签署的《美俄关于进一步削减和限制进攻性战略武器的协议》，2003年前50枚导弹全部拆除。

研制背景

20世纪60年代，美苏军备竞赛，双方均致力于追求第二次核打击能力，即在己方遭受核打击后仍具备摧毁对方的核报复作战能力，因此双方虽然剑拔弩张，却不无滑稽地呈现出核威慑下的“恐怖平衡”——都不敢轻易发动核战争。美国以摧毁对方的全部城市战略相威胁，使苏联不敢对美国发动核袭击。美方认为，只要具备在第二次打击时能摧毁苏联20％—25％的人口和50%的工业的核力量，即可达到确保摧毁的要求，因此强调必须拥有一支能打击城市目标的“第二次打击力

“和平保卫者”洲际核导弹

量”。在“确保摧毁”核战略的指导下，美国加强了“三位一体”的进攻性战略核力量建设，大力发展潜射战略导弹和“民兵”系列弹道导弹。

但随着苏联战略核力量的增强，美国城市目标和战略核力量目标也面临着被苏联全面摧毁的可能，因此里根政府提出了“相互确保生存”战略。在核打击目标方面，由重点打击城市转向打击军事目标，并在对方实施多次核袭击后，仍能打赢核战争。“相互确保摧毁”战略向“相互确保生存”战略的转变，使美苏军方都提出了新一代高生存性导弹的需求。这成为美国发展高生存性和更多弹头的“和平保卫者”导弹的根本原因。

威能

“和平保卫者”导弹在原有的科技基础上全面升级换代，采用新技术、新材料，就性能而言是目前美国最先进的战略导弹之一。导弹由弹头和弹体组成，弹头包括子弹释放舱、10 枚 MK21 核弹头和整流罩；弹体分四级，前三级为固体火箭发动机，第四级为液体火箭发动机。

“和平保卫者”导弹采用惯性制导方式，射程 11100 千米，命中精度 90 米，弹长 21.6 米，弹径 2.34 米，弹头威力 50 万吨 TNT。它投掷重量大，反应迅速，精度高，分导距离达 1500 千米，即使在 21 世纪仍旧是美国陆基战略导弹的主战导弹。

发射方式

“和平保卫者”多采用地下井发射与机动发射相结合的方式。平时导弹穿上整流罩，放在发射架上，定期用一辆运输车实施机动。在机动的沿线上每枚导弹配置 10—20 个地下发射井，以保证发射并迷惑敌方的侦察。1987 年开始研制铁路机动发射方法，进一步解决了导弹的自我防护以及生存能力。

小链接："和平保卫者"洲际导弹的削减

从1991年开始，美俄两国数度签署《削减和限制进攻性战略武器条约》，但因为局势变幻，双方始终未能严格遵照条约执行。到2002年6月，美国甚至退出反导条约，俄随即宣布不再接受第二阶段条约的约束。经过多年谈判，美俄两国元首又于2010年4月签署了新的《削减和限制进攻性战略武器条约》，以替代2009年失效的条约。新条约规定，7年内两国部署的战略核运载工具数量将各自削减到700件以下，各自可部署的核弹头将减至1550枚，削减幅度近1/3。美国会参议院投票批准了这一条约。美国遵照条约，逐步开始削减"和平保卫者"的现存数量。

3. 灵活机动的战略核导弹系统：中国东风 –41 洲际弹道导弹

东风 –41 型洲际弹道导弹是中国已服役的固体燃料洲际弹道导弹，是东风 –31 弹道导弹的一种发展改进型，可携带大约 10 枚分导式多弹头，性能类似美国的"和平保卫者"洲际弹道导弹，最大射程为 1.4 万千米，从中国大陆发射可覆盖世界大部分国家。

研制历史

20 世纪 80 年代初，中国为了预防大国的核讹诈，提出研制新式核武器的

东风 -41 核弹头

构想，目的是研制一种能够打击美国本土任何一地区的固体燃料洲际导弹。在此前提下，东风 -41 型洲际弹道导弹于 1984 年正式立项上马。1994 年进行首次高弹道试射成功定型，研制工作历时十年，可谓十年磨一剑。1999 年 10 月 1 日原计划参加阅兵，但是因为载车问题未能得到解决，所以被迫取消。同年又进行计算机模拟打击美国本土目标的全程试射，获得成功。2011 年交付使用。

弹头

东风 -41 最大射程可达约 1.4 万千米，立足中国大陆，几乎可以打击地球上的任何一点。东风 -41 采用多弹头独立重返大气层载具（MIRV）技术，从而实现了运载火箭及分弹头自适应变轨。该技术并非是简单地在一枚导弹上装载多枚分弹头，而是让每个分弹头都有独立的飞行弹道，可调整轨迹攻击不同目标。如此一来，每枚反导拦截导弹最多只能摧毁一个分弹头。东风 -41 可携带 6—10 枚分导式核弹头，这意味着各国反导系统在遭到该弹攻击时效能大大降低。东风 -41 洲际导弹的制导采用三轴液浮惯性陀螺外加数字式空间计算机的捷联制导方式，这让东风 -41 洲际导弹精度可以达到非常先进的 100—200 米。

发射方式与基本参数

东风 -41 洲际导弹采用公路机动平台、铁路机动平台和加固地下发射井发射三种方式部署，其中公路机动平台为陕西特种汽车制造厂生产的 SX-

4320 重型牵引车，集储存、运输、发射为一体。导弹置于拖车的弹舱内，在运输状态下呈封闭状态，拖车装有两扇对折舱门，发射前舱门开启，导弹通过液压装置起竖发射。此外，东风 -41 采用与俄制“白杨 -M”洲际导弹相同的 TEL 三用车作为机动发射平台，比东风 -31 机动平台更具打击灵活性。

东风 -41 采用三级固体燃料推进，射程在 1.1 万—1.4 万千米。弹长 16.5 米，弹重 63.5 吨。其威力相当于一枚 1600 千克 550 万吨级当量热核弹头或是 6 枚 250 千克 65 万吨级当量热核弹头，也可以是 10 枚中国 21 世纪初新设计的 165 千克 15 万吨核弹头。

小链接：东风 -41 型洲际弹道导弹的“冷发射”

研究中国核项目的美国乔治敦大学教授菲利普·卡博向政府提出警告说：“未来中国东风 -41 型洲际导弹搭载的核弹头足以瞄准每一个人口超过 5 万的美国城镇。”与中国现役的东风 -31 和东风 -31A 洲际导弹一样，东风 -41 可能也采用“冷发射”方式，即借助辅助动力单元把导弹从发射筒内弹射出去，在导弹到达一定高度后再点燃主发动机飞行。报道猜测，东风 -41 属于三级固态燃料推进导弹，与东风 -31 相比，其弹体直径更大，长度更长，意味着弹头载荷与射程更具威慑性。

4. 英国核武库：老牌核大国的“核真空”

近年来，西方主要媒体（如路透社等）纷纷指出，美国军方正在秘密撤出存放在英国境内的最后一批核武器。英国《每日电讯》报道称，英国核武库中1700枚核弹头存在设计缺陷，一旦承受撞击就容易引发剧烈爆炸。分析人士因此质疑，作为老牌核强国的英国，很有可能陷入无核可用的“核真空”境地。

美国百枚核弹秘密撤离

二战期间，美国曾在英国存放大量的核武器，而从布什政府第二任期开始，一直致力于缩减海外核武库的规模，同时以跨国导弹防御系统取而代之。美国军控专家汉森·克里斯滕森表示，经过对美军海外核武库的全面调查，美国科学家联合会确认原本储存在英国的110枚核弹已被秘密转移。虽然官方尚未予以公开报道，但这一消息得到了某些“消息灵通人士”的确认。也就是说，英国的领土上从此将不再有外国管辖的核武器。

位于伦敦东北110千米的拉肯希思基地从1954年开始就是美国空军在西北欧的重要据点，至今仍时有美军的F-15E战斗轰炸机进驻。报告指出，这次行动是美军自2005年由德国拉姆斯泰因撤出130枚核弹以来最大的单方面核裁军。目前，欧洲全境内的美国核武器只剩下150—240枚，大多集中在意大利和土耳其两国，呈现“南重北轻”的格局。

美国的核保护伞

克里斯滕森对美国当局从英国转移核武器并秘而不宣的做法很不满，他认为，俄罗斯一直在努力重建自己的核威慑，在这个时候，美国削减核弹的做法无疑会给外界一种示弱于人的印象。同时，这种单方面撤军的做法，也等于是主动放弃了在军控议题上同俄方讨价还价的筹码。

但美国政府与五角大楼均未就此舆情做出正面回应。美军驻欧洲司令部发言人希布内尔中校表示："作为一项政策，美国'不确认也不否认'在某地部署有核武器。"英国国防部晚些时候也发表声明，称"不准备就猜测与传闻做出评论"，外国在英部署核武器的具体情况眼下仍受到保密机制约束。

相比之下，英国普通民众对此事的态度反而比预期中冷淡。有人对美国给予的"核保护伞"恋恋不舍，认为只有美国才有实力和资格为欧洲提供安全保障，英国自身的防御机制倒是"很值得怀疑"。

英核弹设计有缺陷

其实英国很早就放弃了海陆空"三位一体"的核战略，也没有战略轰炸机能携带核武器。英国全部的战略核力量目前集中在 4 艘"前卫"级导弹核潜艇上，并采用自制核弹头与美制"三叉戟"导弹结合的方法维持战斗力。不过从几年前开始，就一直有民间舆论怀疑这些自制弹头存在安全隐患。《每日电讯》报援引英国国防部的解密文件称，英国核武库中 1700 多枚核弹头存在设计缺陷，如果这些核弹在装卸时意外掉落，剧烈的冲击可能导致它们"像爆米花般炸开"，"由此产生的放射性污染，足以致数千米外的人于死地"。

为避免引发恐慌情绪，英国军方很快对这则报道进行了反驳，一些专业人士也辟谣说，核弹头意外爆炸仅仅有"理论上的可能"，实际发生的概率极低。但另一种声音认为，英国军队近年来深受经费短缺和管理不善的困扰，连最精锐的核潜艇也屡屡发生低级事故，难怪公众会对自家核武库信心不足，认为老牌核强国英国很可能陷入无核可用的境地。

5. 中国氢弹：从蛛丝马迹中探索奥秘

1967 年 6 月 17 日上午 8 时 20 分，中国新疆罗布泊上空，一朵巨大而壮丽的蘑菇云升腾而起，举世为之震惊——中国第一颗氢弹爆炸试验成功了。

从蛛丝马迹中探索氢弹的奥秘

众所周知，核技术属于国家绝对机密，原子弹、氢弹的研制技术尤其如此。两个国家无论如何友好，对此恐怕也不能毫不藏私地倾囊相授。20 世纪 50 年代前期，号称中国“老大哥”的苏联对我们也同样守口如瓶。

自从 1964 年 10 月 16 日下午 3 时第一颗原子弹成功爆炸后，中国的科学家们决定百尺竿头更进一步，向氢弹挺进。但当时也只知道氢弹的一般原理（即用原子弹当扳机，先将原子弹起爆，以爆炸产生的百万度以上的高温，使氢弹的热核材料产生剧烈聚变，释放出更大的原子能，温度和压力极度升高，因而产生更大当量的爆炸），对更深层次的原理和方案却一无所知，一切似乎还要从头做起。

美国于 1952 年 10 月 31 日爆炸了第一颗湿式氢弹装置，苏联于 1953 年 8 月 21 日爆炸了第一颗干式氢弹装置，英国于 1957 年 5 月 15 日爆炸了第一颗实验氢弹原型。距中国开始研发氢弹时已差不多10年，科学家们认为，在当时资本主义社会的学术技术报道中，总会出现某些讨论或者“炫耀”的文章，哪怕只是侧面的点滴报道，对我们都会有所启发。于是，科技人员对国际上有关的论文、杂志、学术报道等刊物进行全面搜索。

功夫不负有心人，在搜索了海量资料后，线索终于在一篇有关氢弹的科学技术报道中出现，虽然只是只言片语，但启发价值很大。专家们在此基础上又进行了大量的理论研究和无数计算，终于将氢弹的原理奥秘揭示出来。当然，只言片语的启迪不能作为成功的主要原因。事实上，这是一次再创造，因为当时的国家研究队伍里人才济济，而他们为此付出的艰辛也是后人难以想象的。

大胆采用轰炸机空投氢弹的方式

科学家们一开始就提出要用空投方式将氢弹投掷到新疆的罗布泊上空，这意味着中国要试验的是一颗真正的氢弹，而不是一个实验模型装置。

美国的做法是，先在地面上起爆实验性氢弹装置，然后再由B-52型轰炸机运载，在比基尼岛上空空投下一颗真正的氢弹，两次试验时间跨度长达两年。中国科学家提出一次到位试验氢弹，需要极大的勇气和信心。但要实现这一目标，还有许多困难需要克服。

模拟氢弹投掷时降落伞撕破

在正式投弹前，必须要进行模拟氢弹的投掷，所谓模拟氢弹，就是弹体的外形、重量都和真的氢弹一样，而内部只是配重，并无核心的聚变材料。

但意外总是不期而遇。1967年初，投掷模拟氢弹时，悬挂模拟弹的主降落伞在空中撕破，而且破得很严重，试验计划被迫搁置。

新降落伞的生产十万火急，而南京降落伞厂里却正处于“文化大革命”之中，最后找到几个掌权的年轻人谈此事的重要性、急迫性，对国家以及世界革命的影响，请他们立即恢复生产。出乎意料的是他们同意了，不久之后，合格的新降落伞用专机紧急送到了新疆基地，与真正的氢弹进行了装接。

轰炸机投掷氢弹时多飞了一圈

1967 年 6 月 17 日早晨，试验场上空万里无云。一架银白色的喷气式轰炸机拉着白烟，绕过靶心上空飞过一圈，指挥所的喇叭里传出口令：注意了！第二圈将要投弹。但飞机飞过第二圈后仍然在空中盘旋。

指挥所从喇叭里发出口令：我们的责任是对人民负责，同意再飞一圈，我们的责任是对人民负责……当时，指挥所重复发出这样的口令，无疑是要稳定飞行员的情绪，减轻他们的心理压力。飞机飞到第三圈，飞行员终于行动了——天空突然出现了极强的闪光，紧接着轰鸣之声响彻云霄，巨大的蘑菇云升上蓝天，轰鸣声与人们的欢呼声在天上地下交织成一片。我们成功了！后来了解到，飞机多飞了一圈，主要是因为飞行员太紧张了。

6. 炸弹之王：俄罗斯 RDS-220 氢弹

RDS-220 氢弹是一种由苏联制造的实验氢弹，代号为“伊凡”，也被称为“赫鲁晓夫炸弹”或“沙皇炸弹”。在人类至今制造的所有炸弹中，它从体积、重量、威力上而言都是最强大的炸弹，因此也被称为“炸弹之王”。

研制背景

1961 年 8 月 13 日，将德国一分为二的柏林墙在苏联的支持下开始营建。冷战中，东西方又一轮紧张对峙开始了。同时，法国借由撒哈拉沙漠“蓝色跳鼠”原子弹试爆任务成功，成为欧洲第二个、全世界第四个国家级核武俱乐部的会员。次年 10 月 14 日，古巴导弹危机爆发。面对欧洲咄咄逼人的核威胁，苏联不得不还以颜色，要以氢弹试爆对世界发出北极熊一般的吼声，表示苏联绝对不是可以忽视的对象。

RDS-220 爆炸蘑菇云

试爆

执行试爆任务的是安德烈·杜尔诺夫柴夫少校，他驾驶着 Tu-95 轰炸机 V 型，另外伴随着一架 Tu-16 獾式喷射轰炸机作为观测机，负责全程拍摄与录像，同时将爆炸时的空气作为样本收集。

由于 RDS-220 氢弹体积庞大，Tu-95 任务机必须将机体内的燃油槽与机腹炸弹舱门移除才能执行任务。但这些技术障碍对苏联来说根本不是问题，试爆最终成功，苏联的核威慑升级。赫鲁晓夫声势大涨，在联合国大会上自鸣得意，大声咆哮：“现在，你们应该知道谁才是老大！”RDS-220 氢弹也由此获得了“炸弹之王”的绰号。

技术特点

RDS-220 氢弹具备三阶段性爆炸的特征，它的爆炸威力后来被削减为 5000 万吨，但这仍然等于二战中所有使用的炸弹总量的 10 倍。它的第一阶段起爆以核裂变为准，然后压缩程序变成核聚变，再利用第一阶段所产生的能量压缩成倍增的核聚变阶段，聚变释放出的中子诱发出更剧烈的裂变。这个程序就是裂变—聚变—裂变，每一次变化都会引发更大能级的爆炸，RDS-220 的威力在这一点上非常成功地表现了出来。

理论上只要三个阶段全部完成就能够释放出 100 百万吨的威力，不过俄方物理学家经过计算与评估，意识到如果 RDS-220 在英格兰中部发威，尤其是为了造成大规模地面破坏效果而以低空方式引爆，其引爆后含有放射物质的落尘也会影响到华沙公约组织国家。如果在当时的西德上空引爆，致命的落尘更可能波及苏联的边界地区。

由于原子核中蕴藏巨大的能量，所以原子核的变化往往伴随着能量的释放。如果是由重的原子核变化为轻的原子核，叫核裂变，比如原子弹爆炸。如果是由轻的原子核变化为重的原子核，就是核聚变，像是太阳发光发热的能量来源。相比核裂变，核聚变几乎不会带来放射性污染等环境问题，而且其原料可直接取自海水中的氘，这几乎是取之不尽的理想能源。

小链接：RDS-220 氢弹的恐怖威力

RDS-220 氢弹爆炸时，产生的火球直径长达 4600 米，很快就会席卷大地，之后又几乎扩散到刚刚轰炸机投掷的高度，而且 1000 千米外的地方都能看得到。爆炸后的蕈状云宽将近 40 千米，高达 60 千米，比珠穆朗玛峰还高 7 倍多。爆炸产生的热风让远在 170 千米以外的人受到 3 级灼伤，爆炸的闪光还能造成 220 千米以外人眼睛的剧痛与灼伤，甚至造成白内障以及失明。整个爆炸让北欧芬兰当地房屋的玻璃破碎。爆炸所产生的暴风压力高达每平方米 22650 千克，足足波及了将近 1000 千米的范围。虽然这次试爆是在空中进行，但是往地球传送的震波引起了芮氏规模 5—5.25 级的地震。“炸弹之王”的确名不虚传。

7. 死手系统：末日之战的核捆绑

掌握核技术的大国建立自动化核反击体系，也叫核捆绑。即便在首脑指挥机关被消灭的情况下，该体系仍可自动打击预先设好的打击目标。这意味着一旦国家的最高首长机关和指挥体系被核突击消灭或瘫痪的话，“死手系统”将自动发出核密码及核打击指令。

引发全球战争

美国和俄罗斯的终极核战略都是“全球毁灭”战略，并建有自动化核反击体系——“死手系统”，即在首脑指挥机关被消灭的情况下，可自动打击预先设好的打击目标。

“死手系统”与数百枚洲际导弹相连，可以自动分配打击目标。此系统不会分辨敌友，只是按照预定程序打击，无论是哪个国家，都有可能被拖下水，这就叫做核捆绑。假设朝鲜对俄罗斯首脑和指挥机关发动核突击，就会把“死手系统”激活，那将肯定会触发全球核大战，因为俄核弹的打击目标大多数是美国本土目标。“死手系统”不需要任何人力的介入，即使整个国家都遭到了毁灭性的打击，也可以自动激活。如今，核大国的“死手系统”已经成为阻止核大战爆发的极端压制手段，在核捆绑的压力之下，爆发核大战就意味着世界的毁灭。

目的

如果 A 国拥有核武器，但是其核打击能力不足以覆盖到它潜在的敌人 D 国—— 一个同样拥有核武器的强国。于是，A 国将它的核捆绑对象设定为 B、C 两个国家——他们在 A 国的核武器能够打击到的范围，即使 B、C 两国与 A 国关系非常友好。当 D 国与 A 国爆发战争时，若 D 国倚仗其实力，对 A 国发射了核弹，此时虽然 A 的核武器打击不到 D，但是根据其“核捆绑”的策略，A 国也会将其有限的核弹全部发射到 B、C 两国的首脑机关，而“死手系统”即被激活，从而将 B、C 两国拖入核战争。如果 B、C 国家也制定了适应它们自身实力的核捆绑策略，则会有更多的国家卷入核战争，进而引发世界全面核战。

因此，核捆绑的目的可以归纳为三点：1. 一旦爆发核战争，所有的核国家将被拖入核战。2. 出于第 1 条的顾虑，当爆发战争的时候，核国家（尤其是核大国）不会轻易使用核武器。3. 由于第 2 条，所有其他的核国家在可能爆发核战之前就会积极从中斡旋，而不是袖手旁观。

歇斯底里法则

核捆绑其实是一种非常恐怖甚至恶毒的国家战略，因为从核捆绑的作用来看，当一个国家遭受打击的时候，它不是积极抵抗或者请求援助，反而将世界上的所有国家不分青红皂白地拖入战争的泥潭，不能不说这是有点丧心病狂的。但在这样一个复杂的国际环境下，以一已之力呼吁和平确实显得既苍白又无力。事实上，核战争并没有真正爆发过。而核捆绑的战争策略客观上让每一个“核俱乐部成员”拥有一种责任，那就是保护世界，在任何核战可能爆发的征兆下，每个国家都会积极地斡旋，直到达成和解。因为一旦核战争爆发，世界将被毁灭，核战没有胜者，更不会有妄图旁观得利者。从这个意义上说，“恶”反而成就了“善”，也算是人间喜剧之一吧！

小链接：爱因斯坦的担忧

鉴于核武器的威慑力，一些已经掌握核技术的国家或明或暗地实施“核捆绑”战略，在这种形势下，无论哪个国家发动核进攻，即可引起全面的核大战，可谓牵一发而动全身。爱因斯坦曾说：我不知道第三次世界大战是什么样子，但我知道第四次世界大战的时候，人们用的肯定是石头。

8. 核武器的副产品：无坚不摧的贫铀弹

贫铀是从金属铀中提炼出核材料铀 235 以后得到的副产品，其主要成分是放射性较弱的铀 238，故称贫化铀，简称贫铀。贫铀弹是指使用含 98% 浓度的铀、铝与钛合成的高密度、高韧性合金制作弹芯的炮弹和炸弹。贫铀弹爆炸时，能产生 6000 度的高温，化学反应以及穿透力极强，性能好于钨合金弹芯，实战中多用于穿透坦克装甲和高防护建筑物。

发展与运用

20 世纪 50 年代，美国就开始着手研制贫铀武器，并很快取得了突破性进展，70 年代新研制的穿甲弹开始装备部队。但此后很长一段时间没有发生大规模的地面战争，贫铀弹也一直处于雪藏状态。直到海湾战争爆发，贫铀弹才崭露头角，并为世人所了解。

贫铀弹头

美军在海湾战争中使用的贫铀弹数量据估计可能超过 80 万枚，总计约 3200 吨。当时曾大出风头的“坦克杀手”A-10“雷电”攻击机，就靠使用贫铀弹摧毁了上千辆

T−72 坦克。同时，由于美军坦克加装了贫铀合金的复合装甲，其坦克无一辆被击毁。这次战争使贫铀弹的穿透能力及贫铀装甲的防护能力得到了充分展示，更坚定了美军在未来战争中使用该技术的决心。其后，美国在巴尔干故伎重演，1994—1995 年间在波黑使用贫铀弹超过 1.08 万枚。

1999 年北约对南联盟进行了持续 78 天的轰炸，其间共使用了 3.1 万枚贫铀弹。这些炸弹主要有 3 种：一种专门针对建筑物，长度达 6 米，每一枚含铀材料 100 千克；一种是反坦克贫铀弹，每一枚含铀 3.2 千克；一种是专用于摧毁机场跑道的含铀集束炸弹，每一枚总重量 600 千克。这些贫铀弹严重破坏了整个巴尔干地区的生态环境。美国对此心知肚明，已预做防范，叫维和士兵避开了那些受贫铀弹污染严重的地区。但那些欧洲盟友却蒙在鼓里，因而大遭祸害。美国的行径让盟友们义愤填膺，再加上新当选的美国总统布什扬言要从巴尔干撤军，动荡中的美欧关系更是受到新的冲击。

性质

贫铀与铅等金属一样是重金属，具有高密度、易爆性、高强度、高硬度及穿透时的自发锐性等特性，穿透能力远高于一般的穿甲弹。它的密度为 19.1 克 / 立方厘米，是钢密度的 2.4 倍，与钨相近，几乎是铅的 2 倍。

贫铀的主要成分是放射性较弱的铀 238，但也不是绝对不含铀 235 和铀 234，并且铀的各种同位素都具有放射性，主要是放出 α 射线，其中 U234 的辐射能占绝对优势。天然铀中 U234 含量虽少，但其辐射能几乎占全部辐射能的一半。由于贫铀中 U234、U235 含量减少至大约只有天然铀的 1/3，因此贫铀的辐射能仅是天然铀的 60%，虽然弱一些，但并无本质减少，仍旧会对人体产生伤害，对环境造成污染。

穿甲与装甲

贫铀穿甲弹在穿甲的过程中弹头不断自锐，这在一定程度增加了贫铀弹的穿透能力，几乎可以说是无坚不摧。而在同样的穿甲过程中，钨合金穿甲弹是自钝的。

贫铀的密度极高，是钢的 2 倍多，若与其他金属制成合金后密度会更高，因此贫铀被广泛应用于军事装备。装备这种装甲的车辆，一般的炮弹难以穿透。美国生产的 M1A1 坦克就采用了贫铀装甲，大大提高了坦克防护能力。

小链接：贫铀弹的永久伤害

鉴于贫铀弹的威力，多数国家对之深恶痛绝。虽然众怒难犯，但美国军方仍然坚持使用贫铀弹，个中原因无非有三：看中这种弹药的杀伤威力；有大量储备，包括在日、韩等国都储备有大量的贫铀弹；利用这种特殊武器将战争的伤害永久地留给对手，不仅让其在战时受创，也令其在短时间内无法从战争中恢复元气，之后数十年、数百年都将承受战争痛苦。

9. 第三代核武器：杀人于无形的中子弹

中子弹的正式名称是强辐射武器，是一种以高能中子辐射为主要杀伤力的低当量小型氢弹。作为特种战术核武器，中子弹的爆炸波效应减弱，辐射增强。对建筑物和设施破坏很小，也不会带来长期放射性污染，但对敌方有生力量的杀伤力巨大。事实上，中子弹还不曾在实战中运用过，但其具备核武器的战争潜力却又比原子弹“仁慈”的特征还是受到军事界的广泛推崇，被誉为“战神”。

研发背景

1945 年，日本广岛和长崎遭受美国原子弹轰炸，其末日场面令人不寒而栗。自此以后，各国有良知的政治军事领袖和科学家认为原子弹不可再用。美国政府为了防止原子弹技术扩散，也重新调整了此后亚洲的战略走向。

1958 年塞姆·科恩开始着手中子弹的研发，1962 年由劳伦斯·利弗莫尔核武实验室完成研究，1977 年美军试爆中子弹成功。卡特总统希望能挟此利器向苏联施压，逼其裁军并保证不侵犯西欧。但到了 1978 年 4 月，卡特的中子弹计划受到了法国的抵制。法国宣称中子弹必将加速东西方军备竞赛，使亚欧的处境更加危险。卡特认为法国的考虑不无道理，便停止了中子弹的生产。不料 1980 年法国竟然试爆了中子弹并获得成功，自此在欧洲政治军事方面上蹿下跳、大显神通，并扬言将用它来保卫欧洲。美国政府被气得七窍生烟，但让他们气愤的还不只是这些，没过多久更坏的消息传来——苏联也有了中子弹。

内部结构

中子弹的内部构造大体可分为四个部分。

中子弹下部中间是核聚变的心脏部分，称为储氚器，内部装有含氘氚的混合物。

储氚器外围是聚苯乙烯，弹体的外层用铍反射层包着，引爆时，炸药给中心钚球以巨大压力，使钚的密度剧烈增加，受压缩的钚球达到超临界而起爆，产生强 γ 射线、X 射线及超高压。

强射线以光速传播，比原子弹爆炸的裂变碎片膨胀快 100 倍。下部的高密度聚苯乙烯吸收了强 γ 射线和 X 射线后，便很快变成高能等离子体，使储氚器里的含氘氚混合物承受高温高压，引起氘和氚的聚变反应，放出大量高能中子。

铍作为反射层，可以把瞬间发生的中子反射回去，使它充分发挥作用。一个高能中子打中铍核后，会产生一个以上的中子，称为铍的中子增殖效应。这种铍反射层能使中子弹体积收缩，因而可使中子弹做得很小。

恐怖威力

中子弹靠强大的核辐射效应达到杀伤效果，虽然体积不大，威力却相当惊人，它能够产生致命的中子雨，以强烈的中子辐射杀伤战场上的生命体。以一枚千吨级 TNT 当量的中子弹来说，其核辐射对人的瞬间杀伤半径可达 800 米，但其冲击波对建筑物的破坏半径只有 300—400 米，因此一方面它可瞬间摧毁敌方人员，另一方面又可使战区建筑物和设施的破坏降至最低程度。

一颗1000吨TNT当量的中子弹在旷野爆炸后，在距离爆炸中心900米处，中子辐射剂量可达8000拉德，能贯穿厚度为20—30厘米的坦克装甲或50厘米的钢筋混凝土堡垒。遭到中子辐射污染的人员短时间内即会感到恶心，丧失活动能力，之后会相继出现呕吐、腹泻、发烧、便血等症状，有的还会出现程度不同的休克，或白血球显著下降，导致败血症，几天之内便会死去。

根据多年来对中子弹的试验和研究，如果当量为1000吨TNT的中子弹作用于暴露的人员身上，那么距爆炸中心900米处的人员立刻会永久性失去活动能力，距爆心1400米处会后期死亡，距爆心1700米处会数个月内死亡。中子弹所发出的核辐射来无影去无踪，看不见，摸不着，听不到，闻不出，可谓是杀人于无形的恐怖利器。

小链接：中子弹在中国

中国在1964年成功试爆第一颗原子弹的同时，也开始将科研视线转向中子弹。著名核子物理学家王淦昌提出了激光核聚变初步理论，从此中国科学家开始系统地从事这方面的研究。10年后，科学家采用激光技术，在实验室里观察到中子的产生过程。到20世纪80年代初，建造了用于激光聚变研究的装置，80年代末期成功试爆了中子弹。

NO. 7　闻之而色变：顶尖生化武器

1. 无色无味的最强毒剂：VX 毒剂

VX 毒剂是最致命的化学武器之一，是一种比沙林毒性更大的神经性毒剂。该种武器由英国人首先发现，后成为美国化学战剂的发展重点。

在美国的发展与装备

美国军方 1964 年 7 月曾将 3 吨 VX 毒剂运至巴拿马，用于地雷和导弹的试验。1964—1968 年，美国曾使用 VX 毒剂进行地雷试验。地雷每个重 24 磅，在距离巴拿马运河出海口几十千米远的海滩上被引爆，残骸最后被装进油桶里扔进大海。

现在，美军装备有 VX 毒剂近 3000 吨，弹药有 10 多种，主要有：E21 型 VX 毒剂导弹弹头，毒剂重 190 千克；M55 型 155 毫米 VX 毒剂火箭弹，毒剂重 45 千克；M121、M122 型 VX 毒剂炮弹，毒剂重 3 千克；203.2 毫米榴炮 M426 型 UX 毒炮弹，毒剂重 6.4 千克；TMU−28/B 型液体战剂飞机布洒器，装填毒剂 616 千克。

化学特性

VX 毒剂无色无味，呈油状液体，接触到氧气就会变成气体。VX 毒剂工业品呈微黄、黄或棕色，贮存时会分解出少量的硫醇，因而带有臭味。其施放方式主要是以液体造成地面、物体染毒，可以通过空气或水源传播，几乎无法察觉。人体皮肤与之接触或吸入就会导致中毒，头痛恶心是感染这种毒气的主要症状。

VX 毒气可造成中枢神经系统紊乱、呼吸停止，最终导致死亡。各种化学毒剂按杀伤作用的时间长短，分为暂时性毒剂和持久性毒剂。持久性毒剂施放后以液滴状或细粉状造成地面染毒、人员接触中毒，有效杀伤时间长达 60 秒以上。

VX 毒剂可以在施放地区造成长时间染毒，人员不宜立即进入该地区，故多在防御或撤退时使用，以阻碍、迟滞或牵制对方的军事行动。细粉状毒剂在施放后沉落于地面，人员或车辆通过或风速较大时再度飞扬，故可造成较长时间的地面和空气染毒。

使用与防护

VX 毒剂主要装填在炮弹、炸弹等弹体内，以爆炸分散法使用，也可用飞机布洒。VX 毒剂以其液滴使地面和物体表面染毒，以其蒸气和气溶胶使空气染毒。对 VX 毒剂的防护应采取全身防护器材，即防毒面具、防毒斗篷、防毒手套、防毒靴套等，对中毒者急救可采用阿托品等药物，对其消毒可用次氯酸盐、二氯三聚异氰酸钠等消毒剂。

小链接：VX 毒剂的恐怖效果

1968 年 3 月，美国陆军在犹他州达格韦试验场用神经性毒剂进行了一系列试验。一架 F4 鬼怪式喷气机在基地上空轰鸣，向一片没有标记的地面洒下 VX 液体。不料其中一个气罐因质量问题出了故障，在任务完成后还残留了大约 9.07 千克的毒剂，导致 VX 毒剂在非试验地点发生泄漏。而且，发生泄漏时飞机正处于高空飞行状态，且风速较高，达

56 千米 / 小时。几小时后，大批羊群因食用了沾染 VX 毒剂的草死亡。该事件经新闻媒体宣传后产生了深远而广泛的影响，一度制约着美国化学生物战计划。

2. 令人恐慌的“黄十字”：芥子气

芥子气的学名为二氯乙基硫，因具有挥发性，有像芥末的味道而得名。其主要用于有机合成、药物（可用于治疗某些过度增殖性疾病）及制造军用毒剂，并因在毒剂方面的广泛使用而臭名昭著，所以又被称为“毒气之王”。德国、伊拉克在战争中都使用过该化学武器，造成大规模伤亡。其最毒的地方在于现今依然没有特效药，受害者将要承受终生的痛苦。

芥子气与第一次世界大战

迈耶是德国的一名生化学家，在某次化学实验过程中，实验室中的辅助人员产生了不适。迈耶刚开始以为是皮肤过敏，但后来的动物实验让他意识到了某种危险。经过持续的探索、试验，他于 1886 年成功合成了芥子气，他发明的合成方法至今仍是芥子气最重要的合成方法之一。

第一次世界大战后期，德国困兽犹斗，并将芥子气应用于战场。1917 年 6 月 12 日，德军在比利时的伊普尔地区首次对英军防线使用芥子气，造成 2000 多人伤亡。由于德军在炮弹上标以黄色的“十”字与其他毒剂炮弹区分，所以当时德军内部通常称其为“黄十字”毒剂。

战争毫无理性可言，芥子气强大的杀伤力，尤其是心理威慑效应使得交战各国纷纷效仿。当时所使用的芥子气纯度不算大，只有70%多，但因为当时的士兵只配备简单的呼吸面具（佩戴这种面具时由于呼吸不畅反而更容易中毒），结果超过130万人伤亡，伤亡率占毒剂总伤亡人数的80%以上。当时身为巴伐利亚步兵班长的希特勒作为参战士兵曾被英军的芥子气炮弹毒伤，眼睛暂时失明，一直到一战结束也未能完全恢复。据统计，在第一次世界大战中共有1.2万吨芥子气被消耗于战争用途。

中毒症状

芥子气是糜烂性毒剂代表，大鼠静脉半数致死量为0.7mg/kg。皮肤是中毒的最主要靶器官之一，染毒后皮肤会出现红斑、水肿、起疱、糜烂、坏死等症状，并容易造成二次感染，伤口愈合缓慢。较大剂量芥子气经皮肤、呼吸道、消化道吸收后可致全身吸收中毒，因此芥子气中毒的临床表现呈多样性。

芥子气可装填在炮弹、火箭弹、地雷及航空布洒器或地面布洒器中使用，既可单一装填也可混装。它是迄今生产、储存乃至使用量最多的一种化学武器，杀伤占已知化学战伤亡的八成以上，被称为“毒剂之王”。芥子气至今没有特效抗毒药物，仅能采取对症治疗措施。

化学特性

纯品芥子气为油状液体，呈无色或淡黄色。工业品由于氧化或杂质等因素可能呈现棕色、深褐色甚至黑色，具有大蒜或芥末的气味，挥发度较低，属于持久性毒剂。芥子气的凝固点很高，因此一般不在冬季等气温低的情况下使用。

芥子气密度大、溶解度小，在水中大部分沉于水底，少部分呈油状薄膜漂浮于水面，可造成水源长期染毒。芥子气中的硫原子具有两对未共有的电子，由于氯原子的诱导效应，硫原子上的未共用电子沿着氯原子诱导效应的方向移动，促进氯原子分离。溶解于水或体液等极性溶液后，芥子气迅速离解，内部电子重新排列，形成正碳离子或正硫离子。正硫离子具有强亲电性，极易与生物大分子的亲核性原子 S、N、O 等起烃化反应，形成以共价键结合的不可逆烃化产物。

小链接：芥子气的战场实践

二战期间，侵华日军曾在中国东北地区秘密驻扎负责毒气研究和试验的 516 部队、731 部队，并在淞沪战场、徐州战场、衡阳保卫战等战役中使用芥子气，造成中国近万军民死亡。1963—1967 年，埃及干涉也门内战，对保皇党派投掷了芥子气航空炸弹。

1983—1988 年，伊拉克在两伊战争中使用芥子气对付伊朗军队。1986 年 2 月，空投芥子气炸弹导致超过 1800 名伊朗军人死亡。据统计，伊拉克在整个战争期间共使用 1800 吨芥子气和数百吨其他毒气，造成伊朗方面近 5 万人伤亡。1988 年 3 月 16 日，伊拉克军队在伊北部小镇哈拉卜贾对库尔德人使用芥子气，导致超过 5000 人死亡，伤者过万。这是历史上最大一次动用化学武器对付平民的军事行动，也使得当时的伊拉克政府和萨达姆声名狼藉，并成为后来联合国特别法庭上指控的主要罪责之一。

3. 战争中的窒息性毒气：光气

光气是一种毒害作用巨大的化学战剂，由一氧化碳与氯气在日光下合成，为无色气体，能伤害人体呼吸器官，严重时导致人体死亡。光气可以用于制造各种毒气弹，最早应用于一战。战争促进了化学武器的发展，一战中出现了多种毒剂，如氯气和光气，是名副其实的残害生灵的战场毒魔。1915 年 12 月 19 日，德军发射装填光气的火箭弹，导致英军阵地上 1000 多人中毒，100 多人死亡。在一战中，光气毒剂得到广泛应用，红了眼的交战双方“以毒攻毒”，使用量达到 10 万吨之多。二战时，日军鉴于芥子气毒性过大，自己也无法防护，于是瞄准了光气，因为光气只能通过呼吸道中毒，并将其称为“特种烟”，此为日军对窒息性毒气的隐敝称呼。

中毒症状

光气吸入中毒会先出现短暂的呼吸变慢，然后呼吸浅而快，之后便会出现早期肺水肿的症状，此时由于肺泡呼吸表面积减少，肺泡壁增厚，肺泡内气体交换受到影响。之后，水肿液充塞呼吸道，支气管痉挛及其粘膜肿胀所引起的支气管狭窄造成肺通气障碍，导致出现呼吸性血缺氧，血氧含量降低，二氧化碳含量增多，皮肤粘膜呈青紫色。此时呼吸循环功能有代偿性变化，如呼吸加快、肋间肌活动增强、心跳快而有力、血压微升等。

最后便到了肺水肿晚期，此时由于肺泡内含有大量液体，肺内压力增加，使右心负荷增加，并伴随血浆大量渗入肺内使血循环内血容量减少、血液浓缩、粘稠度增加。外周阻力增加，使左心负荷加重。长时期严重的血缺氧使肌营养不良，因此可出现心收缩力减弱、心律失常、循环减慢、血压逐渐降低等心功能衰竭表现。后者又可加重组织缺氧，体内氧化不全产物增加，易发生酸中毒和电解质紊乱。血内二氧化碳含量逐渐降低，内脏毛细血管扩张，外周毛细血管收缩，皮肤粘膜转为苍白，血压急剧下降，出现急性循环衰竭，进入休克状态。最后因肺水肿合并循环衰竭，机体失去代偿能力——死亡。

基本防护方法

应当如何防护光气呢？迅速撤离泄漏污染区人员至上风处，并立即进行隔离，小泄漏时隔离 150 米，大泄漏时隔离 450 米，严格限制出入。建议应急处理人员戴自给正压式呼吸器，穿防毒服。从上风处进入现场，尽可能切断泄漏源。合理通风，加速扩散。喷氨水或其他稀碱液中和。构筑围堤或挖坑收容产生的大量废水。漏气容器要妥善处理，修复、检验后再用。

光气很容易水解，即使在冷水中水解速度也很快。水源、含水食物以及易吸水的物质均不会染毒。光气与氨接触会很快发生反应，主要生成尿素和氯化铵等无毒物质，因此浓氨水可对光气消毒。光气与有机胺作用，生成二苯脲白色沉淀和苯胺盐酸盐，可用此反应来检验光气。光气在碱溶液中很快被分解，生成无毒物质。各种碱或碱性物质均可对光气进行消毒。

小链接：光气与双光气

一战期间，德军曾使用氯气攻击法国军队，致使法军一万多人中毒。一年后，德军再度首先使用了双光气及氯气和光气的混合剂。到了二战时期，光气和双光气成为广泛贮存的一类毒剂。不过，光气及双光气的毒性较其他致死性毒剂的毒性小，中毒后有较长的潜伏期，不能使对方部队立即失去战斗力。神经性毒剂出现后，光气逐渐退出了战场。但是，光气生产成本低，平时作为化工原料，生产使用时中毒事故也时有发生。

4.“仁慈”的武器：毕兹

毕兹是一种失能毒剂，呈白色固体粉末状，学名为二苯羟乙酸 -3- 喹咛酯。现代失能剂的概念由英国人黑尔于 1915 年率先提出，而对其展开广泛研究的则是美国。毕兹主要通过呼吸道中毒，症状以中枢神经系统功能紊乱为主，并不致命，所以美军在越战中曾多次使用，并美其名曰“仁慈”的武器。

理化性质

毕兹是一种无特殊气味的白色或微黄色的结晶粉末。沸点较高(>300℃)，熔点为 165—166 摄氏度，不溶于水，可溶于氯仿、苯、二氯乙烷及乙酸乙酯等有机溶剂中，微溶于乙醇。挥发度很小，性稳定，在 200℃下加热 2 小时，只有百分之十几分解。

毕兹常温下很难水解，可使水源长期染毒。常规消毒方法是加热加碱或加压煮沸，此法可使毕兹毒性因水解而破坏。毕兹奎宁环上的叔胺，呈碱性，遇酸生成盐，即可溶于水中。因此，毕兹在酸性水溶液中的溶解度随 pH 值的降低而加大。

毒性及中毒途径

毕兹用爆炸或热分散法施放后呈白色烟雾，主要经呼吸道吸入中毒。应用合适的液体配方可经皮肤吸收中毒。毕兹吸入中毒的半数失能剂量（ICt50）为 110mg·min/m3，30% 失能剂量（ICt30）为 90mg·min/m3；肌肉注射失能剂量为 6μg/kg；对人的半数致死剂量估计为 200000mg·min/m3；安全比（ICt50/ICt50）在 103 数量级以上。毕兹易通过血脑屏障进入脑组织。静脉注射毕兹后 2.5 分钟脑内各部浓度达到峰值。纹状体、海马等部位的浓度 4 小时内维持在较高水平。尾状核、豆状核和大脑皮层浓度最高；其次为中脑、脑桥、黑质、丘脑、下丘脑、嗅区较低；小脑和脊髓最低。在周围组织中，除肠纵肌浓度较高外，心、脾和肺等均较中枢低。毕兹静脉注射 48 小时后，从尿便中排出约 50%。

毒理作用

毕兹和阿托品、东莨菪碱的毒理作用极为相似，属解胆碱能类药物。它能阻断乙酰胆碱与毒蕈碱型胆碱能受体结合，从而改变或破坏神经系统的正常生理功能。毕兹的中枢作用比阿托品强约 40 倍，因此中毒特点主要是造成中枢神经系统功能障碍。周围作用的强度与阿托品相似。根据化合物立体构型对胆碱能受体的推论，科学研究者认为毕兹等抗胆碱能药物含有类似乙酰胆碱的基团和立体结构，其分子能与胆碱能受体表面结合，形成牢固的药物受体复合物，因而能有效地阻止乙酰胆碱和受体的结合。毕兹与胆碱能受体的结合是可逆的，因此它对胆碱能的阻断作用也是可逆的。体内胆碱酯酶能迅速分解乙酰胆碱，却不能破坏毕兹，故毕兹在体内代谢较慢，需时数天。使用可逆性胆碱酯酶抑制剂使乙酰胆碱不被胆碱酯酶破坏，聚积起来的乙酰胆碱在达到一定浓度时，就能在受体水平上与毕兹发生竞争性拮抗作用。

小链接：毕兹的中毒症状

毕兹中毒后会阻断中枢乙酰胆碱作用，从而破坏中枢神经系统功能的完整性和协调性，引起思维、感觉和运动障碍。其主要表现有：眩晕，嗜睡，思维活动迟缓，反应迟钝，判断力、注意力、理解力和短期记忆力减退。当毕兹作用达高峰时，大脑皮层处于深度抑制，皮层下中枢兴奋，会出现谵妄综合征，如躁动不安、行为失常、胡言乱语、思维不连贯和出现幻觉等。运动障碍表现为：初期中毒者感觉无力，随后连很轻的东西也拿不起来，最后甚至连自己的手脚也不能抬起；言语不清，继之有不自主活动，共济失调，行动不稳，甚至摔倒在地。由于起源皮层深部的锥体细胞也受到毕兹的阻断作用，因而出现反射亢进及巴彬斯基征阳性。毕兹与毒蕈碱型胆碱能受体结合后还会阻断胆碱能神经冲动的传导，这就会使肾上腺素能神经冲动的效应相对加强，出现与阿托品相类似的症状和体征，如瞳孔散大、视力模糊、口干、心跳加快、皮肤干燥潮红、体温升高、便秘及尿潴留等。

5. “藏龙卧虎”的大自然：生物毒素

生物毒素分为生物毒和天然毒素。生物毒是指动物、植物、微生物产生的有毒物质。天然毒素则是指生物来源并不可自复制的有毒化学物质，包括动物、植物、微生物产生的对其他生物物种有毒害作用的各种化学物质。但生物毒素也是一种重要的生命现象，它蕴涵着大量奥妙复杂的生物学信息。这是生物在自然界长期进化过程中为了保存自身的物种，抵抗高等动物或疾病的侵袭而产生的化学防御能力。从生物学角度理解生物毒素，可以发现很多治病救人的良药，而从战争角度研究生物毒素并将它制成生物毒素武器，它就会成为屠戮生命的武器。

种类

生物毒素按来源可分为植物毒素、动物毒素、海洋毒素和微生物毒素等。某些毒素毒性极烈，如肉毒杆菌毒素，微量摄入即可致命。被有毒动物或昆虫螫伤等均可发生中毒甚至死亡，如眼镜王蛇、毒蜘蛛等。

生物毒素包括动物、植物、微生物产生的对其他生物物种有毒害作用的各种化学物质。人类对生物毒素的最早体验源于自身的食物中毒。随着人类对海洋生物利用程度的增长，海洋三大生物公害赤潮、西加中毒和麻痹神经性中毒的发生率也有日趋增加的趋势。

黄曲霉毒素、杂色曲霉毒素等对谷类的污染，玉米、花生作物中的真菌霉素等都已经证明是地区性肝癌、胃癌、食道癌的主要诱导物质。现代研究还发现自然界中存在与细胞癌变有关的多种具有强促癌作用的毒素，如海兔毒素等。

生物毒素除以上对人类的直接中毒危害以外，还可以造成农业、畜牧业、水产业的损失和环境危害，如紫茎泽兰等有毒植物对中国西部畜牧业的危害和赤潮对海洋渔业造成的损失等。由于生物毒素的多样性和复杂性，许多生物毒素还没有被发现或被认识，因此时至今日，生物毒素中毒的救治与公害防治仍然是世界性难题。

生物毒素武器

生物毒素武器与生物武器有本质的不同，它不是活性的生物，而是生物的特殊代谢物或分泌物，属于化学武器（化学战剂）的范畴。它与化学战剂类似，因为不论是来源于生物还是化学合成，它们本身都具备无生命和不会繁殖、传染的化学物质。事实上，生物毒素武器正处在生物科学和化学科学的重叠交叉的边缘，故又称生物化学毒素武器。生物毒素武器是由细菌、动物、植物和真菌等生物产生的有毒化学物质所制。其毒性之大，可直接使人畜产生伤害或死亡，致死性比最毒的神经性毒剂还大数百倍至万倍，无防护人员吸入或吸收微量即可死亡或失去战斗力，即便具有良好战斗防护装备的部队遭遇毒素武器，战斗力也会降低 15%—20%。毒素武器与化学毒剂的作用机理并不相同，它们不抑制酶系统，而是直接作用于特殊细胞的受体，用已知的侦检方法难以识别，也很难治疗。

小链接：生物毒素也是治病良药

俗话说，是药三分毒，生物毒素可以致命，但使用得当也可以成为良药。临床应用的药物中约有 1/3 直接或间接来自生物，部分中药就是利用生物毒素治病。毒性是生物活性中最敏感的表现，能以一种特异的、高选择的方式干扰人体最重要的部位，如神经系统、细胞生长等，揭开其运转原理将会给医学发展带来不少启示。现在，已经有医学工作者试图从天然产物中寻找新药，这将是一个前景光明的方向。

6. 沾着白色粉末的匿名信：炭疽病

“9·11”事件之后，美国参议院办公室和各大媒体屡屡收到含有白色粉末的奇怪信件。当信封被打开后，里面的白色粉末散播开来，接触者都感染了炭疽病，导致 5 人死亡。事后证实，这些信件里含有炭疽杆菌孢子。这便是令人闻之色变的炭疽生化武器。炭疽是由炭疽杆菌所致，是一种人畜共患的急性传染病。人因接触病畜及其产品或食用病畜的肉类而发生感染。临床上主要表现为皮肤坏死、溃疡、焦痂和周围组织广泛水肿及毒血症症状，皮下及浆膜下结缔组织出血性浸润，血液凝固不良，呈煤焦油样，偶可引致肺、肠和脑膜的急性感染，并可伴发败血症。以炭疽细菌制成生化武器，确实令人悚然心惊。

核心——孢子

炭疽是一种细菌，具有生命力很强的孢子结构。如果这种孢子或细菌进入肺部，会不断繁殖并产生致命毒素。

美国发生“邮件袭击”事件之后，许多医学及相关杂志、学术刊物争相报道炭疽菌。根据对羊毛拣选工及兽皮处理工所做的研究显示，只有在数千个炭疽菌孢子进入肺部深处时，才会感染吸入型炭疽热。但这次恐怖分子所使用的是经过加工精炼的炭疽菌芽孢，制成粉末状后放入信件内，收信人或邮务人员在不知情的状况下开启信函，炭疽菌芽孢便会飞扬散布于空气中，由呼吸或接触而进入人体。

此次恐怖分子使用的炭疽菌芽孢不但纯度及浓度极高，致命力极高，且制成之粉末亦极精细，能形成气雾悬浮在空气中，令人防不胜防，引起美国社会及大众普遍恐慌。

传播途径

炭疽散布于世界各地，尤以南美洲、亚洲及非洲等牧区较多见，呈地方性流行，为一种自然疫源性疾病。近年来由于世界各国的皮毛加工等集中于城镇，炭疽也常爆发于城市，成为重要职业病之一。

患者多为与牛、马、羊等有频繁接触的农牧民，工作与带芽胞尘埃环境中的皮毛接触、皮革加工厂的工人等，其对本病诊断有重要参考价值。皮肤炭疽症状明显，一般不难做出诊断。确诊有赖于各种分泌物、排泄物、血、脑脊液等的涂片检查和培养。涂片检查最简便，如找到典型而具荚膜的大杆菌，则诊断即可基本成立。荧光抗体染色、串珠湿片检查、特异噬菌体试验、动物接种等可进一步确立诊断。

大多数炭疽病菌都是皮肤侵入性的，也就是由皮肤接触孢子进行传播。但最致命的炭疽是吸入性炭疽，孢子进入肺部并由免疫细胞带到淋巴结。然后孢子不断繁殖并释放毒素，引发一系列如发热、呼吸困难、疲劳、肌肉疼痛、淋巴结肿大、恶心、呕吐、腹泻和黑色溃疡等症状。吸入性炭疽是三种炭疽中死亡率最高的（可达 100%，在药物治疗下也有 75%）。不幸的是，2001 年炭疽信事件中的 5 位患者感染的正是这种病菌。

其实在一般情况下，很少有人会感染这种病菌，它也很难在人和人之间传播。如果有人蓄意散播这种疾病，那大多数人都会处于炭疽袭击的危险之下。许多有害的生物媒介在特定的条件下只能生存很短时间，但是炭疽菌在普通条件下可以存活至少 40 年，而且仍然构成致命威胁。

小链接：炭疽病与日本 731 部队

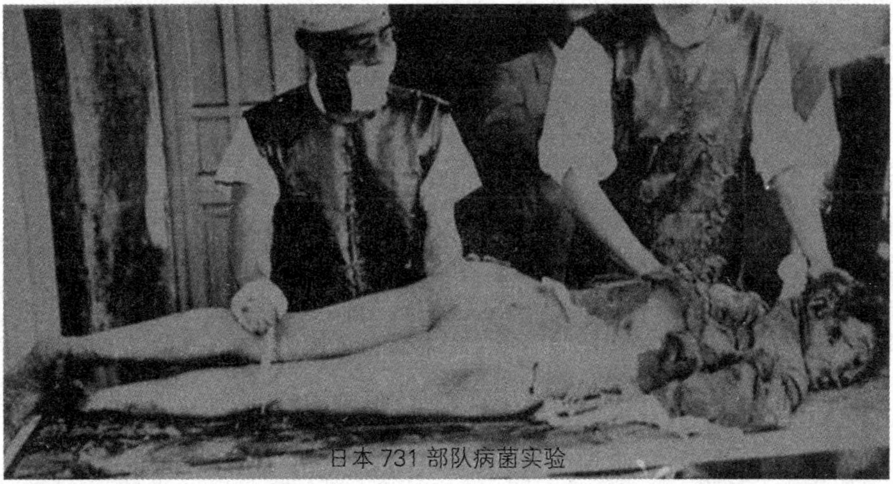

日本 731 部队病菌实验

20 世纪 30 年代后期，日本科学家在臭名昭著的 731 部队研究所开展细菌战研究和雾化炭疽菌的人体实验，其残酷程度令人发指。据记载，仅鲁西聊城、临清等 18 个县就有 20 多万人死于日本细菌战。

7. 被秘密复制的生化武器：天花

天花是由天花病毒感染人引起的一种烈性传染病，没有患过天花或没有接种过天花疫苗的人均能被感染，染病后死亡率高。天花病毒是痘病毒的一种，人被感染后无特效药可治，患者在痊愈后脸上会留有麻子，“天花”由此得名。天花病毒外观呈砖形，约 200×300 纳米，抵抗力较强，能对抗干燥和低温，在痂皮、尘土和被服上可生存数月至一年半之久。同时，天花病毒也作为生化武器在战争中运用。

天花与毯子

提起生化武器，人们首先想到的可能是无菌实验室、核生化服和试管中颜色鲜艳的液体。其实在历史上，生化武器非但“貌不惊人”，且十分单调平凡。1763 年印法战争中，按照当时英军指挥官杰弗里·阿默斯特少校的命令，英国部队将一条毯子送至渥太华的印第安人部落，毯子并不名贵，只是上面充满了天花病毒。美洲当地居民与欧洲侵略者不同，他们从来没有接触过天花病毒，对这种病毒很敏感，因而也特别容易感染，且完全没有抵抗力。于是，天花疾病像野火般在印第安部落蔓延开来。

感染症状

罹患天花的特征有高烧、浑身疼痛以及从水泡发展到疤痕的皮疹。这种疾病的主要传播方式是和感染者的皮肤或体液直接接触，在密闭狭窄的空间里也可以通过空气传播。最为严重时会发生毒血症状，伴随寒战、高热、乏力、头痛、四肢及腰背部酸痛，体温急剧升高时还可出现惊厥、昏迷。

天花来势凶猛，发展迅速，对未免疫人群感染后15—20天内致死率高达30%。发病3—5天后，病人的额部、面颊、腕、臂、躯干和下肢出现皮疹。开始为红色斑疹，后变为丘疹，2—3天后变为疱疹，之后转为脓疱疹。脓疱疹形成后2—3天，逐渐干缩结成厚痂，约1个月后痂皮开始脱落，遗留下瘢痕，俗称“麻斑”。重型天花病人常伴并发症，如败血症、骨髓炎、脑炎、脑膜炎、肺炎、支气管炎、中耳炎、喉炎、失明、流产等，是天花致人死亡的主要原因。

秘密复制

天花曾是人类的死敌，数千年来夺走数亿条人命，许多人还因它失明或脸上布满麻坑。从1967年开始，世界卫生组织便努力通过大规模接种疫苗消灭天花。结果，自然产生的天花病例在1977年后再未出现，这种病毒似乎从自然世界永久性地消除了。但经世界卫生组织批准，目前全球仍有500多株天花病毒存在，其中400多株存放在美国亚特兰大的疾病控制中心，另外100多株存放在俄罗斯新西伯利亚的维克托国家病毒实验室。据悉，这两个机构戒备森严，天花病毒被冷冻在−70℃的容器里，似乎真的只为医学研究而保留。但若考虑到天花在几个大国生化武器中所扮演的重要角色，谁能保证其不会被秘密复制呢？

美国疾病预防和控制中心将天花归为A类生化武器，因为其具有高致命性和可在空气中传播的特性。虽然有天花疫苗存在，但如今通常只有医疗和军队人士才会接种，这意味着当天花成为武器时，剩下的人群都会面临危险。

施放生化武器的方法多种多样，或以喷雾剂的形式，或以邮票的形式，也可能以最古老的形式：由受感染的病人直接带到目的地。

小链接：天花——超级生化武器

过去的20年间，要不要彻底消灭天花病毒曾多次引起争论。美国宣称，恐怖分子可能把天花病毒变成武器，对付从未接种疫苗的新一代人类，因此须保留病毒样本，以研发对抗天花的新药剂或疫苗。俄罗斯与美国持同样立场，不过一些发展中国家持相反意见。有国家指出，这些病毒一旦被恐怖分子盗走，后果不堪设想；还有国家怀疑美俄只是拿反恐作为借口，企图秘密发展生化武器。印度天花研究专家班那吉就认为："保留天花病毒和美俄持有核武器的逻辑一样，是想把它当成超级生化武器。"

8. 恐怖与死亡的代名词：埃博拉出血热

埃博拉病毒是引起人类和灵长类动物发生埃博拉出血热的烈性病毒，是当今世界上最致命的病毒性出血热，感染者症状与同为纤维病毒科的马尔堡病毒极为相似，包括恶心、呕吐、腹泻、肤色改变、全身酸痛、体内出血、体外出血、发烧等，有很高的死亡率。埃博拉病毒十分罕见，1976年首度出现于苏丹南部和刚果的埃博拉河地区，引起医学界的广泛关注和重视，"埃博拉"亦由此而得名。

发现与流行区域

1976年，一种不知名的病毒光顾刚果北部的埃博拉河。沿河两岸55个村庄的百姓受其荼毒，致使生灵涂炭，几乎无一幸免，此即后来令人谈之色变的埃博拉病毒。1979年，“埃博拉”再次肆虐苏丹，一时尸横遍野。奇怪的是，两次“暴行”之后，埃博拉病毒便神秘地消失了，15年之中无影无踪。

目前为止，该病毒主要流行于中非热带雨林和东南非洲热带大草原，但已从苏丹、刚果民主共和国逐渐扩展到刚果共和国、中非共和国、利比亚、加蓬、尼日利亚、肯尼亚、科特迪瓦、喀麦隆、津巴布韦、乌干达、埃塞俄比亚以及南非。非洲以外地区偶有病例报道，均属于输入性或实验室意外感染，未发现有埃博拉出血热流行。这充分证明，埃博拉病毒仅在个别国家、地区间歇性流行，在时空上有一定的局限性。

形状与结构

埃博拉病毒形如中国古代的“如意”。在电子显微镜下，其呈现一般纤维病毒的线形结构。病毒粒子也可能出现“U”字、“6”字、缠绕、环状或分枝形，不过实验室纯化技术也可能是这些形状产生的因素之一，例如离心机的高速运转可能使病毒粒子变形。

该病毒粒子一般直径约80纳米，但长度可达1400纳米，典型的埃博拉病毒粒子平均长度则接近1000纳米。在病毒粒子中心结构的核壳蛋白由螺旋状缠绕之基因体RNA与核壳蛋白质以及蛋白质病毒蛋白VP35、VP30、L组成，病毒包含的糖蛋白从表面深入病毒粒子10纳米长，另外10纳米则向外突出在套膜表面，而这层套膜来自宿主的细胞膜，在套膜与核壳蛋白之间的区域，称为基质空间，由病毒蛋白VP40和VP24组成。

生物恐怖主义的工具

埃博拉病毒主要是通过病人的血液、唾液、汗水和分泌物等途径传播。实验室检查常见淋巴细胞减少、血小板严重减少和转氨酶升高，有时血淀粉酶也增高。用电子显微镜有时可在肝切片中观察到病毒。用IFA检测抗体常导致误判，特别是在进行既往感染的血清学调查时。实验室研究有很大的危险性，应该只在有防护措施防止工作人员和社区感染的地方开展，比如4级生物安全实验室。

埃博拉病毒的感染潜伏期为2—21天。感染症状为突然出现高烧、头痛、咽喉疼、虚弱和肌肉疼痛等，然后是呕吐、腹痛、腹泻。发病两星期后，病毒外溢，导致人体内外出血、血液凝固，坏死的血液很快传及全身的各个器官，病人最终出现口腔、鼻腔和肛门出血等症状，可能导致患者在24小时内死亡。在大约1500例确诊的埃博拉案例中，死亡率高达88%，所以埃博拉被列为生物安全第四级病毒（艾滋病为三级），同时被视为生物恐怖主义的工具之一。

小链接：埃博拉让人变成“吸血鬼”

英国科学家此前研究称，影视剧中的“僵尸”与“活死人”现象就是一种由埃博拉病毒而引发的疾病。连续高烧数个小时后，一个感染埃博拉病毒的病人将会陷入昏迷或者昏厥状态，征兆与临床死亡极为相似，因此患者经常会被误以为已经死亡。

埃博拉感染后的恐怖症状

几个小时或几天后，患者可能会忽然苏醒，并进入一种极具攻击性的状态。此时意识模糊的病人会撕咬所有运动的物体，包括人类和动物。同时，病人口中会分泌大量的唾液，并且引发内出血现象。这在不知情的人看来，忽然复活的死人嘴角流血、眼神呆滞，无异就是“吸血鬼”或者“诈尸”。

9. 易挥发神经毒剂：沙林

沙林是一种毒气，也是常用的军用毒剂，学名甲氟膦酸异丙酯，可以麻痹人的中枢神经，与塔崩（Tabun）、梭曼（Soman）、维埃克斯（VX）同属于神经性毒剂。沙林可以通过呼吸道或皮肤黏膜侵入人体，杀伤力极强，即使吸入少量数分钟之内也可致人于死地。

发展历史

1938 年，沙林由德国法本公司的研究者施拉德、安布罗斯、吕第格、范·德尔·林德等首次发现，这几个人本来是研制新型杀虫剂的，不料无心插柳，发现新型杀虫剂的副产物更有价值，便将这种毒剂以四人的姓中的 5 个字母命名为“Sarin”，即沙林。德国人很快发现这种毒气的军事价值并投入生产，但是二战期间并未使用。二战后，这种毒剂才开始在世界范围内生产。沙林在美军代号为 GB，在苏军代号为 P–35。著名射击游戏《使命召唤》中则将其冠名为“诺娃六号”毒气。

作用机理

沙林对机体的作用主要有三个方面：一是选择性抑制胆碱酯酶活性，使乙酰胆碱在体内蓄积，引起胆碱能神经系统功能紊乱；二是毒剂作用于胆碱能受体；三是毒剂对非胆碱能神经系统的干扰。

沙林毒气是一种剧毒神经毒剂，通过过度刺激肌肉和重要器官影响神经系统产生致命效果。沙林毒气中含有的有机磷酸盐会破坏生物体内的神经传递物质乙酰胆碱酯脢，生物的所有自主与非自主肌肉运动是乙酰胆碱与酰胆碱酯脢之间的一个平衡，破坏这个平衡，肌肉就只能收缩而无法扩张。沙林毒气主要损伤呼吸功能，导致肠胃痉挛剧痛，并大量分泌眼泪汗水跟唾液，死亡过程会非常痛苦，而且若剂量足够的话，从发作到死亡只需要 2 分钟左右。

中毒症状与消毒措施

一般说来，人体吸入 55—100 毫克的沙林后（或皮肤接触 1.7 克），在 1—15 分钟之内便会死亡，死前会出现抽搐、口吐白沫和视力模糊等症状。暴露在沙林气溶胶 2 分钟内，便会出现瞳孔缩小、在暗处视力困难、胸部紧塞、头痛、恶心以及呕吐等症状。而且这些毒性会在体内累积，如果更大浓度会使人晕眩、焦虑、心智损伤、肌肉痉挛、呼吸困难，最后导致死亡。

沙林可以通过呼吸或透过皮肤和眼结膜侵入人体，对体内的酶起阻碍作用，从而破坏神经系统。受其侵袭后，严重时几分钟内会窒息而死，须立即使用阿托品、肟等进行治疗，并进行人工呼吸方能有救。但是，事后这种毒气还可能对神经、大脑和肝脏造成损伤。

针对沙林毒气，有不同的消毒措施

1. 对人员消毒：当毒剂液滴落到人员身上时，应立即脱去染毒衣服，用棉花或干净土块吸去皮肤上的毒剂液滴（吸擦时应防止扩大染毒面积），然后用棉球蘸专门的消毒药液擦拭消毒，用小苏打水、肥皂水或大量清洁水冲洗。

2. 对染毒服装的消毒：在远离居住区的下风方向，用热碱水煮沸 1–2 小时即可消毒。

3. 对染毒食品的消毒：对有包装的罐头类食品，只需对表面消毒便可以安心食用；对没有包装的食品，一般应销毁。

4. 对染毒水消毒：染毒水的消毒方法是在水中加入适量的漂白粉和混凝剂，然后搅拌，待沉淀后过滤。用明矾沉淀或长时间煮沸的方法，也可对染毒水消毒。无论用哪种方法消毒，都必须经过检验后才能饮用。

小链接：沙林事件

作为一种化学武器，沙林曾被不法分子加以利用，并在社会上造成了极为恶劣的影响。1995 年 3 月 20 日清晨，原奥姆真理教部分信徒受麻原彰晃指使，在东京市区 3 条地铁电车站中施放沙林神经性毒气，造成 12 人死亡，约 5500 人中毒，1036 人住院治疗。东京地铁沙林毒气事件是日本自第二次世界大战结束后最严重的恐怖袭击事件。

10. 遗患无穷：越战大规模使用的橙剂

有一种工业合成的毒液叫做落叶剂，能够杀死植物或使其叶子一夜掉光。落叶剂有橙剂、桔子剂、蓝剂、梦露绒等多种，都含有大量的有毒化学物质。其中最具代表性的便是橙剂，它是一种剧毒无比、作用持久的高效落叶剂，因其容器的标志条纹为橙色，故名“橙剂”。越南战争期间，美军曾用低空慢速的飞机将橙剂喷洒于越共武装人员藏身的森林、丛林和其他植被上，使植物落叶以暴露敌人踪迹。

橙剂的“牧场行动计划”

20 世纪六七十年代，美国陷入越战泥潭，越共游击队或出没于幽深的丛林，或栖身于繁茂的植被，神出鬼没，百般袭扰，打得美军晕头转向，叫苦不迭。越南游击队为了达到持久作战的目的，还利用密林掩护，开辟了沟通南北的“胡志明小道”，以保证物资运输的畅通。美军为了改变被动局面，切断越共游击队的供给，决定首先设法清除视觉障碍，使越共军队完全暴露于美军的火力之下。为此，美国空军实施了一场“牧场行动计划”。他们用飞机向越南丛林中喷洒了 7600 万升落叶型除草剂，清除了遮天蔽日的树木。美军为迫使农村居民迁往南越政府军控制的城市，还用这种除草剂毁掉了越南的水稻和其他农作物。他们所喷洒的面积占越南南方总面积的 10%，其中 34% 的地区不止一次被喷洒。由于当时这种化学物质是装在桔黄色的桶里的，所以后来被称为“橙剂”。

橙剂的后遗症

橙剂中含有毒性很强的三氯苯氧乙酸和二氯苯氧乙酸，平均浓度为每千克 10 毫克。其化学性质十分稳定，在环境中自然消减 50% 就需要耗费 9 年的时间。它进入人体后，则需 14 年才能全部排出。它还能通过食物链在自然界循环，遗害范围非常广泛。

越战后，橙剂后遗症逐渐显现，越南人民和参加越战的美国老兵深受其害。由于他们血液中的四氯代苯和二氧芑的含量远远高于常人，因此身体出现了各种病变。更为严重的是，毒素改变了他们的生育和遗传基因。在越南长山地区，人们经常会发现一些缺胳膊少腿儿或浑身溃烂的畸形儿，还有很多白痴儿童。这些人就是橙剂的直接受害者。据统计，越战中曾在南方服役的人，其孩子出生缺陷率高达 30%。此外，在南方服役过的军人妻子的自发性流产率也非常高。

美国的越战老兵们也深受橙剂之苦。除糖尿病外，越战老兵所患的病中，已有 9 种疾病被证实与橙剂有直接关系，包括心脏病、前列腺癌、氯痤疮及各种神经系统疾病等。研究数据表明，参加过“牧场行动计划”的老兵糖尿病的发病率要比正常人高出 47%，心脏病的发病率高出 26%，患何杰金氏淋巴肉瘤病的概率较普通美国人高 50%，他们妻子的自发性流产率和新生儿缺陷率均比常人高 30%。

橙剂后遗症对美空军产生巨大压力

糖尿病与橙剂的联系早在 1991 年就被美国空军研究组发现，但他们迟迟没有向外界公布。负责监督研究工作的美国会总审计署对此表示不满，一些批评家也指出，空军专门小组不仅研究结果公布得太迟，而且整个研究过程都是“偷偷摸摸”的。分析人士认为，美国空军故意拖延研究结果的公布，主要有两个原因：其一，每确定一种橙剂后遗症，空军将为此向越战老兵支付大笔赔偿；其二，橙剂后遗症影响的扩大必将使美国空军面临巨大的舆论压力，对美国人服兵役产生负面影响。

小链接：500 万越南橙剂受害者首次起诉美国

据美国有线新闻网 2004 年 8 月 16 日报道，越南人状告生产生化武器橙剂和其他落叶剂的 30 多家美国化工企业，要求它们赔偿越南人在越南战争期间接触了他们的产品之后造成的身心伤害。在越战期间，驻越美军曾向越南农村的非军事区喷洒大量生化武器橙剂和其他落叶剂，大约有 500 万越南人至今仍深受其害。

NO. 8 从科幻走向实战：未来战争中的顶尖武器

1. 战场的高速“碰碰车”：动能武器

所谓动能武器，是指能发射超高速飞行并具有高动能的弹头，利用弹头的动能直接撞毁目标的武器。动能武器可用于战略反导、反卫星和反航天器，也可于战术防空、反坦克和战术反导作战。如电磁炮发射的射弹速度最大可达每秒几十千米，同时还可以携带数枚或数十枚射弹，火力强，拦截面积大，毁伤效果惊人。由于动能武器的速度极快，人们形象地称之为“太空神箭”或高速“碰碰车”。

电磁炮

19 世纪是电力科学飞速发展的时代，当时的科学家们发现，磁场中的电荷和电流会受到某种神秘力量的牵引，经过大量研究实验后，他们确认了这种力量的存在，并称之为“洛仑磁力”，这就是电磁力。当第一次世界大战席卷欧洲的时候，法国的科学家们提出了利用电磁发射炮弹的设想，并进行了开创性研究，但由于种种原因，最终没能获得成功。到第二次世界大战时，德、日等国的科学家又进行了大量秘密的研究，企图利用新式武器取得战争的胜利，但也失败了。大战之后，科学家们虽然都对电磁发射技术表示了极大的兴趣，并进行了一些研究，但一直未能取得理想进展。直到 20 世纪 70 年代，澳大利亚国立大学的研究人员建造了第一台电磁发射装置，将 3 克重的金属块（炮弹）加速到 6000 米 / 秒的速度，这才成功地打出了世界上第一颗电磁炮弹。

动能拦截弹

苏联从 1963 年开始在现有的导弹技术基础上研制反卫星动能拦截弹。这种导弹长为 4.2 米，直径 1.8 米，用 SS–9 洲际导弹运送入轨。整体由推进系统、侦察瞄准制导系统和战斗部等组成。推进系统包括主发动机、轨道发动机和姿控发动机。侦察瞄准制导系统能在 111—185 千米范围内捕获目标，并在 9.3—55.6 千米的范围内将之锁定，最后在雷达引导下逼近目标。

拦截弹的战斗部是用于摧毁目标的装置，通常使用常规炸药，也有使用核装料的。苏联的这种反卫星拦截弹虽然比较笨重，只能拦截低轨道卫星，且反应时间长，生存能力与抗干扰能力较差，但它将成为未来世界第一代具有实战能力的反卫星系统。

群射火箭

群射火箭是一种子弹式旋转的无控火箭，主要用于摧毁洲际弹道导弹弹头。这种火箭发射装置是由几十棍管集合而成的圆桶形发射器，可横向旋转 360 度。火箭直径 2.54—7.62 厘米，长度为 25.4—38.1 厘米，大小如 60 毫米迫击炮炮弹。火箭使用普通钢质壳体和一种较好的高氯酸铵推进剂，飞行速度可达每秒 1.5 千米，拦截范围在 1.2 千米左右。

群射火箭接到拦截指令后会立即发射，在来袭弹头再入大气层的临空弹道上形成一个多层次的密集的火箭雨阵，然后与来袭的弹头相碰撞，将弹头摧毁。用这种火箭保护洲际导弹的地下发射井，预计每个井需配备 5000—10000 枚火箭，拦截成功率约为 85% 以上。在美国的研制计划中，它是构成星球大战计划最后一道反导屏障的武器系统。该武器由于具有重量轻、体积小、便于生产和使用、操作易于实现全自动化等优势，因而将成为未来实战中最先投入使用的武器之一。

小链接：动能拦截弹“爱国者”

美国赫赫有名的“爱国者”拦截导弹也属于动能武器。该导弹弹长5.3米，弹径0.41米，翼展0.87米，弹重约1000千克。最大速度是音速的3倍，战斗部重68千克。采用破片效应摧毁目标，杀伤半径为20米。战斗部装有高能装药或核装药，杀伤概率为90%，采用无线电近炸引信，具有良好的抗干扰能力，并装有反雷达导弹诱饵系统。它的作战半径为3米—100千米，作战高度为300米—24千米。由于采用能对相当大空域内分布的100个目标实施搜索、监视的相控阵雷达TVM末段制导，系统的制导精度和抗干扰能力大大提高了，该雷达可同时以9枚导弹拦截不同方向、不同高度的目标。此外，该系统还可安装于舰船上，并能用大型运输机或直升机空运，具有很好的机动能力。

2. 电子设备的天然克星：电磁脉冲武器

电磁脉冲武器是将电磁频谱能量集中投射的一种武器系统，其特点就是能量集中，投向目标物的能量密度极高，可由直接照射及耦合侵入的热能累积效应造成目标物损坏，并造成微波同频段的严重干扰，因此可以说是电子信息系统及指挥控制系统及网络的天然克星。电磁脉冲武器攻击速度为光速，从发射到击中目标所需要的时间极短，命中率高，无质量故障，不存在弹道等问题。电磁脉冲武器主要包括非核电磁脉冲弹与核电磁脉冲弹，前者是利用炸药爆炸压缩磁通量的方法产生高功率微波的电磁脉冲武器，后者是以增强电磁脉冲效应为主要特征的新型核武器，因而又号称“第二原子弹”。

诞生

20世纪70年代，苏联在新地岛上空35千米处进行空爆核试验，不料氢弹不仅毁灭爆心附近的一切，还对数千千米范围内的电子系统产生冲击，地面的防空雷达全部被烧坏，无法探测空中的飞行目标，数千千米的通信中断，部队一个多小时处于无法指挥状态。不久，美国在太平洋的约翰斯顿岛上空40千米处进行同类试验。核爆后，距约翰斯顿岛1400千米之遥的檀香山陷入一片混乱，防盗报警器响个不停，街灯熄灭，动力设备上的继电器一个个被烧毁——这与苏联的试验结果何其相似。

当时的科学家们并不了解这是怎么回事，经过几年的研究，才发现这是氢弹爆炸所产生的电磁脉冲造成的恶果。原子弹爆炸会产生冲击波、光辐射、早期核辐射和放射性污染四种效应，而氢弹爆炸又增加了另一种效应，即电磁脉冲。氢弹爆炸时，早期核辐射中的 α 射线会与周围介质中的分子、原子相互作用，激发并产生高速运动的电子，大量高速运动的电子形成很强的电场，在爆心几千米范围内电场强度可达到每米几千伏到几万伏，并以光速向四周传播。它的作用范围随着爆高的增加而扩大。当量1000吨的氢弹如在40千米高空爆炸，可影响整个欧洲。

美国军事专家看到了这种由核爆炸产生的瞬时电磁脉冲的军事价值，开始不遗余力地研究如何增强核爆炸时产生的电磁脉冲效应，他们把这种能产生强大电磁脉冲的武器称为电磁脉冲弹。电磁脉冲武器将凭借着“不损一砖一瓦，不伤一兵一卒便能制敌于无形”的神奇威力，逐渐成为改变战争规则的新武器之一。

原理

电磁炸弹首先运用电源供应器将电池能量充入同轴电容器内，以产生高压。再将这一高压瞬间与流量产生器内的螺旋状导线导通，并且在导通电流最大时的瞬间，起爆在螺旋状导线内的炸药，以压缩磁通量的方式提升螺旋状导线上的电流。接着将此电流导入虚阴极管，以谐振方式产生高频电波，最后由微波天线对着指定方向发射出电磁脉冲波。电磁炸弹的作战影响范围约在数百米之间，所以如果说氢弹是一种战略性电磁脉冲武器，那么电磁炸弹则是一种战术性电磁脉冲武器。

威力

电磁脉冲武器可使敌方武器、通信、预警、雷达系统设备中的电子元器件失效或烧毁，导致系统出现误码、记忆信息抹掉等情况，强大的高功率微波辐射会使整个通信网络失控，甚至能够提前引爆导弹中的战斗部或炸药。电磁脉冲武器还能杀伤人员，当微波低功率照射时，可使导弹、雷达的操纵人员、飞机驾驶员以及炮手、坦克手等的生理功能发生紊乱，出现烦躁、头痛、记忆力减退、神经错乱以及心脏功能衰竭等症状。当微波高功率照射时，人会眼患白内障，皮肤内部组织严重烧伤甚至致死。苏联的研究人员曾用山羊进行过强微波照射试验，结果一千米内的山羊顷刻间死亡，两千米以内的山羊也丧失活动能力而瘫痪倒地。

小链接：电磁脉冲武器与大自然

核武器固然威名赫赫，但真正见过核爆的人并不多，可“第二原子弹”爆炸应该人人都曾亲眼目睹。这种爆炸其实就是自然界的雷电和静电现象。雷电、静电形成的电磁辐射与太阳、星际的电磁辐射以及地球磁场和大气中的电磁场所产生的爆炸只有大小区别，原理都是一致的。

3. 灭敌于无声无息间：微波武器

微波武器又叫射频武器，利用高能量的电磁波辐射去攻击或毁伤目标。微波武器由微波发生器、定向发射天线以及伺服控制系统等组成。微波发生器可以将微波能量全部聚集到某个方向，然后实施定点打击。微波武器可用于攻击卫星、弹道导弹、巡航导弹、飞机、舰艇、坦克、通信系统以及雷达、计算机设备，尤其是指挥通信枢钮、作战联络网等重要的信息战的节点和部位。可以说，微波武器的出现，是战争的一个革命性变化。

发展历史

第二次世界大战后期，德国为对抗处于绝对优势的盟军空中力量，设想用特大型聚焦天线将电磁波汇焦后发射出去来击毁盟军飞机。德国此前曾经进行过相当系统的研究并取得一定成果，但由于战争进程太快，盟军节节胜利，逐渐推进到德国本土，德国已经没有时间进行研究实验，因此不得不将其电磁波武器的资料通过潜艇送到日本。而当时日本的技术实力与德国还存在相当大的差距，根本无法全面理解他们提供的相关技术资料，直到战争结束也没能取得任何实质性进展。战后，德国电磁波武器的相关资料分别被美国和苏联获得，在此基础上，美、苏分别开始各自的电磁波武器研制工作，后来随着技术的进步，电磁波武器最终发展为目前的微波武器。

破坏与攻击

微波武器可以破坏各种武器系统中的电子设备，使其丧失作战效能。其强大的电磁辐射脉冲功率超过敏感元器件的额定值，设备会因过载而造成永久性毁伤，从而导致整个通信网络失控。如果辐射的微波功率足够强大，则被攻击目标的装备外壳开口与缝隙处可以被电离变成良导体，然后会在很短的时间内受高热而破坏。如果在攻击的空间与时间上配合得宜，甚至能够提前引爆导弹中的战斗部或炸药。

隐身武器除了具有独特的气动外形设计以减少雷达反射波之外，更重要的是采用了吸波材料，用以吸收雷达的探测电磁波。如美国的B-2隐身轰炸机不仅机体采用吸波材料，而且机体表面也涂有吸波涂料。但微波武器高频率微波的强度和能量密度要比雷达微波高几个数量级，它产生的纳秒级脉冲的主瓣频带达数千兆，远超过吸波涂层的带宽。气动外形设计和吸波涂层的隐身效果约为30dB，而高频率微波源的发射功率足以抵消这种隐身效果，在微波武器的攻击下，此类隐身武器轻者机毁人亡，重者武器即刻熔化。

高功率微波武器

杀伤力

微波武器的杀伤机理分为非热效应和热效应。非热效应指当微波照射强度低时，使导弹和雷达的操纵人员、飞机驾驶员以及炮手、坦克手等的生理功能紊乱，如出现烦躁、头痛、记忆力减退、神经错乱以及心脏功能衰竭等症状。热效应则指在高频率微波照射下，人的皮肤灼热，眼患白内障，皮肤内部组织严重烧伤甚至死亡等。当微波的功率密度为0.5W/cm2、单个脉冲释放的能量达到20J/cm2时，人体皮肤会轻度烧伤。当功率密度为20W/cm2时，照射 2 秒可造成三度烧伤；当功率密度为 80W/cm2 时，仅 1 秒就可使人丧命。微波武器的另一个特点是，只要目标的缝隙大于微波的波长，它就可以经过这些缝隙进入目标的内部，还可通过玻璃或纤维等不良导体进入驾驶舱内，杀伤里面的人员。无论是非热效应还是热效应，微波武器杀人都在无声无息之间。

小链接：中国的微波武器

作为世界主要军事大国之一，中国始终高度致力于微波武器和激光武器的研制，如今已在以激光武器、微波武器为代表的定向能武器和电磁脉冲武器的研制方面取得巨大成就。与航空和军用发动机等方面同国际水平存在较大差距不同，中国的微波武器让西方国家深以为忧。目前中国的大型激光武器和微波武器已经进入实用化，这将让美国以 F-22 为代表的隐形飞机再也不敢无法无天，任意侵入中国领空。

4. 高速处理的人工智能：智能武器

智能武器指的是具有人工智能的武器，通常由信息采集与处理系统、知识库系统、辅助决策系统和任务执行系统等组成，能够自行完成侦察、搜索、瞄准、攻击目标和搜集、整理、分析、综合情报等军事任务。其类型包括精确制导武器、无人驾驶飞机、无人驾驶坦克、无人操纵火炮、智能鱼雷和自主多用途智能作战机器人等。其中智能鱼雷不仅可存储和记忆有关信息，还能分析、鉴别各种不同目标。自主多用途智能作战机器人可自主地完成地形、地物及敌我目标的识别，选择前进道路，判断敌情，独立完成侦察、运送弹药、扫雷、射击、投弹等作战任务。智能武器的出现将对未来战争产生重大影响。

发展背景

早在1947年，即世界上第一台电子计算机问世的两年后，科学家们就提出了“人工智能”的概念，将智能武器装备形象地称为“有思维”、“会听”、“会说”、“会看”的武器装备。1956年，“智能武器”这一术语获得科学界正式承认。20世纪60年代后，随着计算机、微电子和通信技术的发展，利用计算机软件模拟人脑的信息处理过程成为可能，并逐步进入实用阶段，推出了体现智能行为的控制程序。1966年，美军利用名为“科沃”的机器人潜入海底，成功打捞出一枚失落的氢弹，引起世界各军事大国的关注，并因巨大的军事潜力而颇受重视。为了占领军用技术的制高点，20世纪70年代末英国率先将研制出的“轮桶”机器人征召“服役”。美国在1988年正式成立自动人工智能中心，专门从事人工智能军事应用方面的研究。

特点

智能武器之所以比精确制导武器更先进，就在于它可以像人一样“思考”，能够“有意识”地寻找、辨别需要打击的目标，有的还具有辨别自然语言的能力。

比如智能导弹是在巡航导弹基础上发展起来的，它能在敌方上空自动搜索、识别、跟踪目标并进行优化处理，根据目标特征选择最佳战斗部位实施攻击，消灭一个目标后立刻转向另一目标继续攻击，可在目标区上空持续战斗 60 分钟。广域智能引信地雷则带有多功能传感器，可对目标的各种物理场进行判定。当坦克进入距地雷半径 100 米的范围时，即由微机控制发射智能子弹，先以 35 度仰角将子弹药射出，然后子弹在空中主动寻找目标，攻击坦克薄弱的顶装甲。

而智能化作战则是运用智能武器手段，广泛实现高效指挥控制和灵巧精确打击的高技术作战形式。

代表

智能军用机器人：能更多地模仿人的功能，从事较复杂的工作，执行多种军事任务的机器人。

智能无人机：一种无人驾驶，能自行完成侦察、干扰、电子对抗、反雷达等多种军事任务的飞机。

智能坦克：一种由计算机控制系统、信息接收和处理系统、指令执行系统及各种功能组件构成的新智能坦克，质量只有普通坦克的 1/10。根据执行任务的不同，又可分为智能主战坦克、智能侦察坦克和智能扫雷坦克三种。

智能军用机器人

智能导弹：一种能自动搜索、识别和攻击目标的导弹。如美国研制的“黄蜂”反坦克导弹，该弹装有一套先进的探测、控制设备。作战使用时，由飞机远距成批发射后，先超低空飞行，到达目标区可自动爬升上千米，俯视战场，选择目标，且互不干扰。

智能地雷：一种“长眼睛”、“有耳朵”、“会判断”的地雷。这种地雷能自动识别目标和控制装药爆炸，在最有利时机主动出击毁伤目标。

小链接：智能化战略

3世纪中叶至4世纪初，中国人发明了马镫，曾使只能辅助作战的骑兵变为战场上的主力，不但改变了战争方式，而且随着蒙古大军西征改变了整个世界。智能武器装备作战部队并获得广泛应用，也必将对军队的编成、作战样式与方法产生重大影响。首先，由于智能武器部分代替了人的工作，因而会减少直接参战人员，但对直接参与者的要求会大大提高。其次，传统的“直接参与”式作战方式将被打破，信息对抗的地位作用将更加突出。由于智能武器装备是以信息技术为核心的系统集成，保护己方和破坏对方的信息系统，夺取控制信息权，就成为赢得战争胜利的关键。

5. 无声处显神威的网络杀手：计算机病毒武器

计算机病毒武器是一种把计算机病毒送入敌方军事计算机系统，对其系统内的文件、战术程序等进行干扰、更改和破坏，使其系统功能受到削弱，直至完全失效或瘫痪的一种新型非致命性武器。计算机病毒像生物病毒那样，不但能传染给其他程序，而且能通过被传染的程序进行活动，并能在计算机中自我繁殖、扩散，使计算机不能正常运行。而随着计算机在军事装备和武器系统中的应用越来越广泛，计算机病毒作为武器使用危害性就更大，战时可以对敌指挥控制系统等军事信息系统进行攻击，平时也可以对敌形成威慑。

发展背景

现代信息技术发展方兴未艾，计算机已成为现代信息系统和武器装备的核心控制部件，计算机安全及计算机网络攻防成为重要的研究课题，以计算机病毒为代表的信息武器将成为新一代的战略威慑性武器。

从近年几次局部战争来看，现代高技术战争正在从“平台中心战”演变为“网络中心战”，从而对以计算机网络互连起来的指挥控制等信息系统提出了新的要求。信息战在计算机网络空间率先展开，表现为计算机网络战、病毒战，且已经发展成为主要形式的作战手段之一。计算机病毒武器已经成为一种信息时代攻击特色鲜明的新型武器装备。

计算机病毒出现后不久，美军就敏锐地认识到它在军事上的价值，大力发展计算机病毒武器。1989 年，美军方提出了计算机病毒是一种新型的电子战武器的理论。1990 年，美国军方在商业部门投标，进行计算机病毒在军事武器系统中应用的可行性研究。此后，美国军方进一步投 50 万美元，继续深入研制计算机病毒武器。

能力

从本质上来说，计算机病毒是一种计算机程序或一段计算机代码，它用修改其他程序的方法将自己精确拷贝，或以可能演化的形式进入其他程序中，从而感染它们。计算机病毒一旦发作，轻者可干扰系统的正常运行，重者则消除磁盘数据、删除文件，导致整个计算机系统的瘫痪。从可能性上来说，计算机病毒的破坏作用完全取决于由计算机控制的武器系统本身的能力。计算机系统一旦被病毒程序所控制，就会“无恶不作”，为所欲为。如果说核武器把硬摧毁发挥到了极致，那么计算机病毒则是把对信息系统的软毁伤发挥到了极致。

现实威胁

对于经济实力雄厚、科技水平顶尖的美国来说，既蒙科技发达之福，亦不得不承受其害。计算机病毒的发展既给美国的军事发展带来好处，也带来了现实的威胁。就目前而言，计算机病毒对美国的威胁主要来自三个方面：

1. 计算机病毒在社会经济领域带来的巨大破坏。尤其是近几年，电脑病毒所造成的经济损失每年都有 100 多亿美元之巨。正所谓“寇可往我亦可往”，美军运用计算机病毒展开攻击，便不得不防备别人对他们运用同样的手段。

2. 美军各类信息系统所受到的日常性攻击。1994 年，英国一个 16 岁男孩自己设计了一套被称为“探测器”的软件，在朝鲜核危机期间，他通过其“探测器”取得了美国特工人员有关检查朝鲜核设施问题的通信内容，并将其传送到计算机网络的目录上。

3. 军事演习中美军信息系统暴露出来的缺陷以及由此可能带来的灾难性后果。美军在 1995 年举行了一次名为“网络勇士”的演习，一名空军中尉用一台普通的电脑和调制解调器，在马萨诸塞州汉斯科姆空军基地的系统中心控制室里，通过一根电话线使他的计算机联入互联网，不到几分钟就进入到美国海军大西洋舰队的指挥控制系统，并接管了大西洋舰队的指挥权，这令美国军方大冒冷汗。而对美军网络系统的每一次成功入侵，都有可能让敌方获取情报，从而获得美国信息系统及其武器系统的指挥控制权，同时也为敌方对美国网络投放致命的计算机病毒武器打开了方便之门。

小链接：计算机病毒武器的实战经验

在海湾战争沙漠盾牌行动中，美军上千台计算机感染了“犹太人”、“大麻”等病毒，并影响到作战指挥的正常进行，美国从国内迅速派出计算机安全专家小组及时消除病毒，才避免了灾难性的后果。而在伊拉克战争开始之前，美国通过第三方把一批打印机卖给伊拉克，并且在战争中通过无线电遥控激活了事先隐藏在打印机芯片中的计算机病毒，从而破坏了伊拉克的计算机系统。

6. 不流血的战争："温柔"的非致命武器

非致命武器是指为使人员或装备失去功能而专门设计的武器系统。按作用对象，非致命武器可分为反装备和反人员两大类。目前，外国发展的用于反装备的非致命武器主要有超级润滑剂、材料脆化剂、超级腐蚀剂、超级粘胶以及动力系统熄火弹等。

鼻祖安东尼

非致命武器是在1996年引起重视并获得发展契机的，这应当归功于安东尼·辛尼的努力，他是1992年美军索马里行动的总管。辛尼到达索马里后，面对各种抗议、抢劫和骚乱的人群，并没有与他们发生直接的军事对抗，也没有使用致命武器。一天，辛尼发现有些士兵正将电线连上汽车上的蓄电池，试图用电击来阻止人群。他迅速禁止了这些临时设备，并请求中央司令部配备非致命武器，结果他领到了大量的辣椒粉。在美军向联合国维和部队移交索马里一年后，辛尼又回来护送维和人员离开。这一回，他已经搜罗了一批被证明行之有效的非致命执法武器："粘连泡沫"喷射后能将嫌疑人粘到地上；

“带刺手榴弹”则可以爆炸成橡胶碎片，形成威慑；还有一种被称为蒺藜的小刺，能刺穿轮胎以及其他许多东西。

非致命武器由此获得高层青睐，辛尼正在试验粘连塑料的消息迅速传开。1996 年以来，美国国会启动了“非致命武器联合开发计划”，之后每年专门为此划出约 2500 万美元的财政预算。所以说，对于非致命性武器的发展，安东尼·辛尼功不可没。

骚乱控制武器

骚乱或人群控制武器即通常所说的防暴武器，主要包括榴弹、防暴枪（各种霰弹枪和发射器）、大型气雾剂喷射器、水炮等。除动能弹、声光弹外，还有化学榴弹和射弹中使用的催泪制剂。

警官执行常规任务配备的非致命武器主要包括各种电击武器和各种催泪喷射器，其中很大一部分（如电击器和 OC 喷射器）兼有攻防功能，而且以防身功能为主。有些防暴武器也同样适合常规配备，例如辣椒粉射弹既可用于骚乱控制，又可用于制服个人目标。这种射弹把安全级的动能冲击与粉状 OC 刺激剂相结合，打到人身上后就破裂开而释放出刺激剂。另外，一些动能射弹如豆包弹开始受到欢迎，有些强光电筒和电击警棍则兼具催泪喷雾功能。

主动回避系统

主动回避系统是一种强有力的突破性非致命技术，这是一种定向能平台，其形状类似于连接到悍马汽车车顶上的大型碟形雷达天线。它被赋予了“热线”和“疼痛射线”的绰号，因为当它向目标发射电磁辐射时，会使人感到一种“无法忍受的热感”。据有经验的人士透露，这种感觉很像“被放在了微波炉里”。从部署主动回避系统的行动视频中可以看到，一旦主动回避系统开启，一大群人就会像受惊的鱼群一样倏忽分散。

小链接：非致命武器之未来步枪

代号 XM29 的未来步枪上方装置有激光测距仪，还有两个弹夹：一个在前部，盛放常规弹药；一个在后部，盛放较少但极为粗大的子弹。

XM29

这能让士兵们在致命与非致命武器间做出选择。步枪后部盛放的粗大子弹让未来步枪显得十分凶悍，但它其实不过是银样镴枪头——子弹内装填的都是非致命性弹药，如橡胶球、辣椒粉等。当士兵用未来步枪瞄准并扣住扳机时，激光测距仪将测量与目标之间的距离，微处理器根据枪口与目标之间的距离，将一种精心校准的火药填入子弹。当士兵扣下扳机时，子弹会像通常那样出膛，然后在目标前爆炸。撞击将让非致命弹药以一种相对较慢的速度前进，同时削弱子弹的速度。

7. 排山倒海，呼风唤雨：环境武器

环境武器主要是利用海洋、岛屿、陆地以及大气等相关环境中的某些不稳定因素（如巨浪、海啸等），并借助各种物理化学方法，从中诱发巨大能力，去对敌人进行攻击。正在发展中的环境武器，可以说具有呼风唤雨、排山倒

海的无穷威力，将会在未来武器库中占据一席之地。目前，正在研究开发的环境武器有化学雨、臭氧武器、巨浪武器、生态武器等。

化学雨武器

化学雨武器是一种新型武器，在海战中使用效果非常明显。这种武器主要由碘化银、干冰、食盐等能使云层形成水滴且造成连续降雨的化学物质，和能够造成人员伤亡或使武器装备加速老化的化学物质组成。

该武器分为两大类：永久性的和暂时性的。永久性的化学雨武器主要用隐形飞机或其他无人飞行器偷偷运载到敌国上空撒布，使敌军武器加速腐蚀，进而丧失作战能力。与此相对，暂时性的化学雨武器杀伤力要小一些，它主要由高腐蚀性、高毒性、高酸性物质等组成，会使敌国部队瞬间丧失抵抗能力。

臭氧武器

臭氧武器是专门用来破坏高空臭氧层的武器，即利用物理、化学方法，在敌方上空臭氧层中投放能吸收臭氧的化学物品，使高空臭氧层局部遭到破坏，造成臭氧“洞穴”。这样，阳光中的紫外线便可以畅通无阻地透过这些区域上空的空气层，对地面人员、生物起到大规模杀伤作用。反之，如果利用物理或者化学方法使敌方上空臭氧层中臭氧含量增加，引起人体中毒，同样可以起到杀伤作用。

这一理念刚提出时遭到一部分科学家的反对，因为当时并不具备生产臭氧的方法，从而无法补上臭氧“洞穴”，很可能会给整个世界带来灾难。不久以前，日本找到了生产臭氧的方法，因此这种武器很可能会在不久之后问世。

巨浪武器

对于军舰和海洋军事设施来说，风浪是一股不可小觑的力量。巨大的风浪常常会对海洋军事设施造成巨大破坏，甚至会导致舰毁人亡。因此，利用风能或者海洋内部聚合能可以使大洋表面和深层产生海浪或者潜流，从而造成敌人水面舰船、水下潜艇及其他军事设施的毁坏。有的军事科学家还认为，巨浪武器可用于封锁海岸，达到遏制敌军舰出海进攻的目的。

不过，到目前为止，真正引起巨浪的方法未问世，只是引发了一些小浪级的浪涛，这也算得上是巨浪武器运用成功的前兆。

生态

生态平衡与人类的生存唇齿相依，如果生态平衡遭到破坏，人类也将面临灭绝的危险。因此，有军事专家设法利用化学物质，使地面上的草木死亡，生物灭绝，使良田沃土变成不毛之地，从而改变敌方的生态环境。美军在越南战场上曾大规模使用生态武器。1962 年至 1970 年的 9 年之中，美军通过飞机、火炮、火箭在越南播洒了近 5000 万千克化学杀虫剂、除草剂，使越南近两万平方千米的地域受到了污染，35% 的森林被毁坏，植被干枯，昆虫灭绝，并造成 28 万人死亡，由此可见生态武器在未来战场上的恐怖威力。

8. 战场小精灵：纳米武器

纳米武器是武器系统超微型化的集成，使目前车载机载的电子战系统浓缩至可单兵携带，隐蔽性更好，安全性更高。纳米武器实现了武器系统高智能化，使武器装备控制系统信息获取速度大大加快，侦察监视精度大大提高。纳米武器实现了武器系统集成化生产，使武器装备成本降低，可靠性提高，同时使武器装备研制、生产周期缩短。在可以预见的未来，纳米武器很可能应用于机械、武器装备变形领域。

特点

1 纳米只相当于 10 亿分之一米（1 纳米 $=10^{-9}$ 米），也就是 5 个原子排列起来的长度，这个计量单位在日常生活中很少出现，因为它太小了，肉眼根本看不见。研究纳米级物质（包括分子、原子、电子）在 100 皮米（1 皮米 $=10^{-12}$ 米）—100 纳米空间内的运动规律以及内在运动特点，并利用这些特性制造特定功能产品（包括纳米武器在内）的高新尖技术，就是现在科技界耳熟能详的纳米技术。

在未来战场上，巨型武器系统和微型武器系统将同时存在，协同作战，大有大的作用，小有小的妙处，作战手段更加机动灵活，战斗格局更加诡谲多变。人们将更多地看到“蚂蚁啃大象”、“小鬼擒巨魔”、“以小制大”、“以微胜巨”的战争景观。人们必须对这些战场上的“小精灵”刮目相看，充分认识其对未来战争的影响。

纳米武器家族的蚊子、苍蝇与蚂蚁

蚊子导弹：纳米器件比半导体器件工作速度快得多，可大大提高武器控制系统的信息传输、存储和处理能力，制造出全新原理的微型导航系统，使制导武器的隐蔽性、机动性和生存能力发生质的变化。利用纳米技术制造的形如蚊子的微型导弹可以起到神奇的战斗效能，纳米导弹直接受电波遥控，可以神不知鬼不觉地潜入目标内部，其威力足以炸毁敌方火炮、坦克、飞机、指挥部和弹药库，摧毁敌控制系统的电子元件。

苍蝇飞机：如苍蝇般大小的袖珍飞行器，可携带各种探测设备，具有信息处理、导航和通信能力，可以秘密部署到敌方信息系统和武器系统的内部或附近，监视敌方情况。这些纳米飞机可以悬停、飞行，敌方雷达根本发现不了。据说其还适应全天候作战，可以从数百千米外将获得的信息传回己方导弹发射基地，直到引导导弹攻击目标。

蚂蚁士兵：通过声波控制的微型机器人。这些机器人比蚂蚁还小，但具有惊人的破坏力。它们可以通过各种途径钻进敌方武器装备中，长期潜伏下来。一旦启用，这些“纳米士兵”就会各显神通，有的专门破坏敌方电子设备，使其短路、毁坏；有的充当爆破手，用特种炸药引爆目标；有的施放各种化学制剂，使敌方金属变脆、油料凝结或使敌方人员神经麻痹、失去战斗力。

聪明表皮与间谍坐探

用纳米材料制造潜艇的蒙皮，可以灵敏地“感觉”水流、水温、水压等极细微的变化，并及时反馈给中央计算机，最大限度地降低噪声、节约能源，还能根据水波的变化提前“察觉”来袭的敌方鱼雷，使潜艇及时做规避机动。

还有被人称为“间谍草”或“沙砾坐探”的形形色色的微型战场传感器，它们应用纳米技术制成的量子计算机元件，工作速度比半导体元件快1000倍，可以大大提高武器装备控制系统中的信息传输、存储和处理能力，使武器装备更灵活、更精确。可侦测出数百米之外坦克、车辆等出动时产生的震动和声音，能自动定位、定向和进行移动，绕过各种障碍物。

小链接：小人国的战争

国际军事领域的变革一浪高过一浪，新式武器层出不穷。未来的战争大有可能是这样的场面：战场上看不到双方的作战部队，飞机、坦克、大炮都被天空中飞旋的大量苍蝇、黄蜂样的微型无人飞行器和地面上成群结队的蚂蚁样的微型机器人部队所替代，交战就像发生在小人国里的神奇战争，在普通人无法察觉的时候胜负已见分晓。面对未来全新样式的战争，世界各主要国家都力图抓住21世纪初20—30年的时间，全力抢占下一轮技术革命和军事变革的制高点。

9. 打开潘多拉的盒子：基因武器

基因武器是指利用基因工程技术研制的新型生物战剂，又称做第三代生物战剂。它运用先进的遗传工程技术，用类似工程设计的办法，通过基因重组在一些致病细菌或病毒中接入能对抗普通疫苗或药物的基因，或者在一些本来非致病的微生物体内接入致病基因而制造生物武器。随着现代合成生物学的发展，科学家们可以设计与合成自然界并不存在的生物或病毒，改变非致病微生物的遗传物质，使其产生具有显著抗药性的致病菌，利用人种生化特征上的差异，使这种致病菌只对特定遗传特征的人们产生致病作用，从而有选择地消灭敌方有生力量。

基因武器的分类

比较常见的微生物基因武器一般可分为5个类型。1. 利用微生物基因修饰生产新的生物战剂，改造构建已知生物战剂，利用基因重组方法制备新的病毒战剂。2. 把自然界中致病力强的基因转移，制造出致病力更强的新战剂。3. 把耐药性基因转移，制造出耐药性更强的新战剂。4. 天然毒素是自然生物

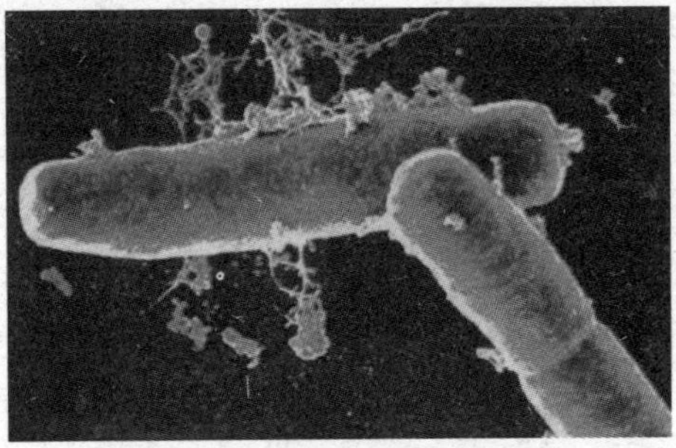
基因武器

产生的，通过生物技术可增强其毒性，还能制成自然界没有的但毒性更强的混种族基因武器，这是当前基因武器库中最具诱惑力的新成员，也是最具威力的一种。5. 种族基因武器，也称“人种炸弹”，是针对某一特定民族或种族群体的基因武器。即只对某特定人种的特定基因、特定部位有效，而对其他人种完全无害，是新式的超级制导武器。

运用

基因武器，即通过人工、飞机、导弹或火炮把经过特殊处理、重组之后的细菌、细菌昆虫和带有致病基因的微生物投入敌国的主要河流、城市或交通要道，让病毒自然扩散、繁殖，使人、畜在短时间内患上一种无法治疗的疾病，如此一来，他们便在无形战场上不知不觉地丧失战斗力。由于这种武器诡秘难测且难防难治，有良知的科学家们对它的忧虑甚至超过了核武器。在人类基因组多样性的研究中，已经发现人种之间确实存在基因的差异。这种差异很可能被种族主义者和恐怖主义分子所利用。他们可以根据不同种族基因组多样性特点，采用基因工程技术手段，研制出针对某一种族的基因武器，从而对某一种族或国家的安全造成潜在而巨大的威胁。

威力

基因武器利用生物技术制造的炸药爆炸力极强，威力比常规炸药大 3—6 倍。用生物炸药制成的武器战斗部，可使武器的战术、技术性能提高一个数量级。据估算，用 5000 万美元建造一个基因武器库，其杀伤效能远远超过 50 亿美元建造的核武器库。某国曾利用细胞中的脱氧核糖核酸的生物催化作用，把一种病毒的DNA分离出来，再与另一种病毒的DNA相结合，拼接成一种具有超剧毒的“热毒素”基因战剂，万分之一毫克就能毒死100只猫，20克就足以使全球55亿人死于一旦。

1979年4月，苏联的一个生物武器基地发生爆炸，溢出大量炭疽杆菌气溶胶，造成炭疽病流行，死亡1000多人，影响持续10年之久。据美军测算，倘若一枚带有炭疽菌弹头的“飞毛腿”导弹落在华盛顿，便可夺去10万人的生命。如果将埃博拉病毒、艾滋病病毒、O-157病毒制作成基因武器，这些“生物原子弹”足以毁灭人类。基因武器正如传说中的潘多拉的盒子，科学家称其为“世界末日武器”绝非危言耸听。

小链接：基因武器的防护

尽管有人在从事基因武器的研究，但也有人在积极研究对基因武器的防护。据报道，有的国家早在20世纪80年代就开始了生物战剂防护措施的研究工作，并研制出多种预防生物武器侵袭的疫苗。1997年，美国国防部长科恩下令，自当年起，所有美国现役军人和后备役军人必须按规定接种生物战剂防护疫苗，并于2003年前全部接种完毕。

10. 令人战栗的死亡轨迹：粒子束武器

粒子束武器是利用加速器把质子和中子等粒子加速到每秒 3 万—20 万千米的高速，并通过电极或磁集束形成非常细的粒子束流发射出去，用于轰击目标。粒子束武器按粒子是否带电可分为带电粒子束武器和中性粒子束武器，这让它既可实施直接穿透目标的“硬杀伤”，也能实施局部失效的“软杀伤”。带电粒子束对目标的穿透能力极强，能量集中，脉冲发射率高，能快速改变发射方向。中性粒子束则可对目标周围产生的中子、γ 射线、X 射线进行遥测，实现对目标的识别。粒子束武器在太空可以破坏数十千米以外的目标，但在大气中威力衰减，只能攻击数千米以外的目标。

发展背景

20 世纪 70 年代中期以来，苏联在电离层和大气层外的宇宙系列卫星、载人飞船和礼炮号空间站上进行了 8 次带电粒子束传导方法试验。在列宁格勒地区进行过粒子束武器的地上试验，试验装置有线性电磁感应加速器、γ 射线仪器、X 射线仪器、磁力存储器和多频道超高压开关等，而且进行过带电粒子束对洲际弹道导弹、宇宙飞船以及固体燃料目标的照射试验。1978 年，苏联在东德制造了使用1000GeV质子加速技术的0.5MV、80J、16层7列的粒子束产生装置。几乎与苏联同时，美国海军建立了开发粒子束武器的跷板计划，研究用带电粒子束拦截导弹的核弹头。美国国防部在 1981 年设立了定向能技术局来开发粒子束武器和激光武器，从1981财年开始实施预算额为3.15亿美元的5年开发计划。

原理

21世纪，科学发展已经进入了原子和分子的微观世界，核武器就是应用了原子理论。原子物质中央的质子带正电，电子带负电，中子则属于中性。被称为粒子的物质包括电子、质子、中子和其他带正、负电的离子。粒子只有被加速到光速才能作为武器使用。粒子束发射到空间，可熔化或破坏目标，而且在命中目标后还会发生二次磁场作用，对目标进行深度破坏。粒子束武器发射出高能定向强流、接近光速的亚原子束（带电粒子束和中性粒子束），以巨大的动能击毁卫星和来袭的洲际弹道导弹。即使不能直接摧毁核弹头，粒子束产生的强大电磁场脉冲热也会把导弹的电子设备烧毁。

运用领域

现代高技术战争中，洲际弹道导弹的中段防御既重要又复杂，因为现代洲际导弹在飞行中段除了释放弹头之外，还释放出大量的诱饵假弹头，要进行中段防御，首先必须将真弹头从大量的假弹头中鉴别出来，这是一项难度很大的技术。采用常用的成像技术和辐射测量技术以及低功率激光或微波检测技术等很难辨别真伪，而中性粒子束则能有效地进行这种识别。

对于粒子束武器在未来战争格局中的设定，美国与俄国都是立足于空间作战与防御，主要针对其基础研究和高能量转换技术的科研攻关。对于地基粒子束武器的研究只局限于作为点防御作战的近程武器系统范围，确保带电粒子束在大气层中长距离的稳定传播。能量转换技术的研究目的是要形成高速粒子脉冲。美空军的研究机构称，传统的可控硅开关和火花放电开关的研究已经完成，下一步要开展磁性开关研究，这种开关基于饱和的电磁感应原理，具有很高的重复率。

小链接：粒子束武器与机甲世界

游戏《机甲世纪2》中的远战型机体很好地诠释了粒子武器远距离、高杀伤的优秀特性。与现今的粒子武器不同的是，在《机甲世纪2》的背景时代里，由于原子物理技术的飞跃式发展，粒子武器的质量和体积已经缩小到机甲可以直接装配的程度。虽然外观缩小了，但是粒子源、粒子加速器、导向磁线圈的基本构造和原理与现实区别不大。游戏中，高耗能问题一直是阻碍粒子武器发展的一大羁绊，最终机甲采用了比核能更强大的正反物质湮灭能量作为动力，限制粒子武器发展的瓶颈才终被突破。

11. 难以发现的战场“暗器”：芯片武器

芯片指内含集成电路的硅片，体积很小，常常是计算机或其他电子设备的一部分，是构成计算机系统的最小器件单元，也是计算机系统的核心部件。人们或许会对“芯片”和“集成电路”这两个词混淆不清，但实际上这两个词有联系也有区别。集成电路实体往往以芯片的形式存在，当它还在图纸上呈现的时候，可以叫它集成电路；而当拿这个集成电路来应用的时候，那它必须以独立的一块实物存在，并嵌入到更大的集成电路中，依托芯片来发挥作用。换言之，集成电路更着重电路的设计和布局布线，芯片更强调电路的集成、生产和封装。芯片武器即是在计算机中央处理器做手脚，使对手的指挥系统受制于人，它的主要特点是隐蔽性、信息性和广泛性。

主要特点

芯片武器犹如人体心脏或军队指挥中心，位置重要但不显要，想在世界武器和高技术产品中找到这些“暗器”非常不易，战时发现这些组件何时被启动则更加困难。

芯片武器通过与芯片“暗通款曲”窃取情报，从“软杀伤”角度影响对手信息系统的安全和稳定，从而为实施“硬杀伤”奠定基础。

在未来战争中，芯片武器攻击的将不只是战略系统，同时对战役、战术系统的攻击程度也会急剧增加。芯片武器由于可避免大规模的伤亡，为最后取得胜利创造有利条件，因而在未来战场中将得到更为广泛的应用。

躯干与灵魂

如果把中央处理器 CPU 比喻为整个电脑系统的心脏，那么主板上的芯片组就是整个身体的躯干。对于主板而言，芯片组几乎决定了这块主板的功能，进而影响到整个电脑系统性能的发挥，毫不夸张地说，芯片组是主板的灵魂。

芯片组按照在主板上的排列位置的不同，通常分为北桥芯片和南桥芯片。北桥芯片提供对 CPU 的类型和主频、内存的类型和最大容量、各种插槽、ECC 纠错等的支持。南桥芯片则提供对键盘控制器、实时时钟控制器、通用串行总线、E 数据传输方式和高级能源管理等的支持。其中北桥芯片起着主导性的作用，也称为主桥。

芯片组的识别也非常容易，以因特尔芯片组为例，它的北桥芯片是 Intel 82443BX 芯片，通常在主板上靠近 CPU 插槽的位置，由于芯片的发热量较高，在这块芯片上装有散热片。南桥芯片在靠近 ISA 和 PCI 槽的位置，芯片的名称为 Intel 82371EB。其他芯片组的排列位置基本相同。不同的芯片组，在性能上的表现也存在差距。

芯片与芯片组

芯片的独特之处在于，只要是使用微细加工手段制造出来的半导体片子，都可以叫做芯片，里面并不一定有电路，比如半导体光源芯片、机械芯片、MEMS陀螺仪或者生物芯片（如DNA芯片）。在通信与信息技术中，当把范围局限到硅集成电路时，芯片和集成电路的交集就是在“硅晶片上的电路”上。芯片组则是一系列相互关联的芯片组合，它们相互依赖，组合在一起能发挥更大的作用，比如计算机里面的处理器和南北桥芯片组，手机里面的射频、基带和电源管理芯片组。

小链接：大脑芯片

欧盟、美国和瑞士目前正在紧锣密鼓地研制模拟大脑处理信息的神经网络计算机，希望通过模拟生物神经元复制人工智能系统。这种新型计算机的“大脑芯片”迥异于传统计算机的“大脑芯片”，它能运用类似人脑的神经计算法，低能耗和容错性强是其最大优点，较之传统数字计算机，它的智能性会更强，在认知学习、自动组织、对模糊信息的综合处理等方面也将前进一大步。不过也有人表示了担忧，装上这种芯片的机器人将来是否会在智能上超越人类，甚至会对人类造成威胁？不少科学家认为，这类担心是完全没有必要的。中国科学家周海中在1990年发表的《论机器人》一文中指出：机器人并非无所不能；它在工作强度、运算速度和记忆功能方面可以超越人类，但在意识、推理等方面不可能超越人类。另外，机器人会越来越“聪明”，但只能按照制定的原则纲领行动，服务与造福人类。

12. 人为制造的气象灾害：气象武器

气象武器是指运用现代科技手段，人为地制造暴雨、热高温、气雾等自然灾害，改造战场环境，以实现军事目的的一系列武器的总称。战争与气象有着悠久的历史渊源，从20世纪初的日俄战争到本世纪初的伊拉克战争，气象与战争如影随形。可以说，无论作战样式如何变化，武器装备如何发展，战争都要受到气象的影响。气象条件是把双刃剑，对作战双方来说都是公平的，关键看谁能驾御它而不受其影响，如果能合理利用气象条件，气象将成为战斗力的“倍增器”。而随着科学和气象科学的飞速发展，利用人造自然灾害的“地球物理环境”武器技术已经得到很大提高，气象武器必将在未来战争中发挥出越来越大的作用。

地震后的悲惨景象

发展背景

第二次世界大战中，气象武器已经开始崭露头角。1943年，美军为了掩护军队过河，就曾在意大利的一条河边制造了一条浓雾带。无独有偶，德国为了防止盟军轰炸，用飞机喷洒了大量人工造雾剂覆盖保护区。海湾战争中，海湾地区特殊的气候条件是多国部队战略决策十分重要的因素之一。在选择对伊作战的时机时，美军气象部门的报告多次影响了美军的战争决策。20 世纪 50 年代艾森豪威尔总统执政美国期间，美国军方就在一份研究报告中明确提出了“气象控制比原子弹还重要”的观点。于是，美政府在佛罗里达州坦帕湾空军基地建立了“麦金莱气候实验室”，用以开发气象武器。20 世纪 60 年代开始，“麦金莱气候实验室”开发的气象武器陆续用于实战。

原理

由于大气层中存在着巨大的能量和各种不稳定因素，倘若能够掌握这些不稳定因素的变化规律，在一定有利时机和条件下，通过人工催化等技术手段对局部区域内大气中的物理过程施加影响，用较少的能量去“诱发”它们，就会发生巨大的能量转换，使天气向着人们预期的方向发展。事实上，人工影响天气是一个系统工程，从催化剂选型、作业方法选择到天气的监测预报，缺一不可，而且各项工作都要做到准确无误。即使如此，在万里晴空的天气下也“巧妇难为无米之炊”，很难做到人工降雨。而想要对大暴雨、大暴雪、台风等恶劣气候施人工影响则更加困难，即便有作用，也是微乎其微的。

类型

人工消云、消雾武器：指采用加热、加冷开播撒催化剂等方法，消除作战空域中的浓雾，以提高和改善空气中的能见度，保证已方目视观察、飞机起飞、着陆和舰艇航行等作战行动的安全。

人工控制雷电：指通过人工引雷、消雷的方法，使云中电荷中和、转移或提前释放，控制雷电的产生，以确保空中和地面军事行动的安全。

太阳武器：这是一种利用太阳光来消灭敌方的武器。实际上利用太阳光作为武器早有先例。1994 年，俄罗斯卫星曾在轨道上安放了一面镜片，镜片的反射光在夜间擦过地球。这说明如今的技术已经能够在4万米高空集中镜面反射光。据计算，聚集的热源中心温度可达数千度，可以毁灭地球上的一切。这种武器很有可能出现在新世纪的战争中。

云雾炮弹：云雾炮弹又称燃料空气炸药炮弹，炮弹内通常装填环氧乙烷、氧化丙烯等液体炸药，通过火箭炮或迫击炮发射到目标上空。第一代云雾炮弹属于子母型，即在母炮弹内装3枚子炮弹。每枚子炮弹装填数十千克燃料空气炸药，并配有引信、雷管和伸展式探针传感器等。当母炮弹射击到目标上空后，经过1-10秒钟的时间，母炮弹引爆，释放出挂有阻力伞的子炮弹，并缓缓地接近目标。在探针传感器的作用下，子炮弹在目标上空预定高度进行第一次起爆，将液体炸药混合，形成直径约15米、高约2.4米的云雾，并将附近的地面覆盖住。再经过0.1秒的时间，子炮弹进行第二次引爆，使云雾发生大爆炸。至今，云雾炮弹已经发展到第三代，其性能又有较大的提高，使用的范围也更加广泛。

小链接：气象武器的实战

美军曾在距地面17千米的高空试验引爆一颗甲烷或二氧化碳炮弹等制寒武器，爆炸后的炮弹碎片遮蔽太阳，天气骤然变得异常寒冷，这足以将热带丛林中的敌人活活冻死。20世纪70年代，美国又曾改变台风风向，将其引向洪都拉斯，造成中美洲伤亡万人。美国国防部于1970年对古巴“上游地区”的云层进行过播撒碘化银作业，造成了古巴“上游地区”严重反常的干旱天气。

图书在版编目（CIP）数据

大国重器：揭秘顶尖战略武器 / 探秘天下编写组 编著 . —北京：时事出版社，2016.10

ISBN 978-7-5195-0017-7

Ⅰ . ①大…　Ⅱ . ①探…　Ⅲ . ①战略武器 – 介绍 – 世界
Ⅳ . ① E92

中国版本图书馆 CIP 数据核字（2016）第 173155 号

出 版 发 行：时事出版社
地　　　址：北京市海淀区万寿寺甲 2 号
邮　　　编：100081
发 行 热 线：（010）88547590　88547591
读者服务部：（010）88547595
传　　　真：（010）88547592
电 子 邮 箱：shishichubanshe@sina.com
网　　　址：www.shishishe.com
印　　　刷：北京建泰印刷有限公司

开本：787 × 1092　1/16　印张：18　字数：240 千字
2016 年 10 月第 1 版　2016 年 10 月第 1 次印刷
定价：32.00 元
（如有印装质量问题，请与本社发行部联系调换）